新手父母

孩子的

權威兒童發展心理學家專為幼兒
打造的 **50個潛力開發遊戲書❷**

邏輯思考‧口語表達‧社交遊戲

장유경의 아이놀이백과 3~4세

兒童發展心理學家 張有敬 **Chang You Kyung** ——— 著

林侑毅 譯

目錄

串串爆米餅
▶▶小肌肉運動、認識樣式

Chapter 1

| 思考發展 探索 | 開發潛能的24至48個月統合遊戲

專為**邏輯思考發展**的
觀察、探索遊戲

什麼東西不見了？
▶▶專注力、記憶力

觀察樹葉唱唱歌
▶▶觀察力、探索自然

Chapter 2

| 情感發展 社會、情緒 | 開發潛能的24至48個月統合遊戲

開啟**情感**、**口語表達**的
社交遊戲

畫下表情對對看
▶▶ 認識情緒

盡情跳舞
▶▶ 調節情緒

盒子內有什麼？
▶▶同理心

爸爸會覺得盒子裡面有什麼？

兩人三腳
▶▶團隊合作

| 推薦序 1 |

專注遊戲、專注學習

文／成玄蘭

韓國發展心理學專家、大邱天主教大學心理學系教授

■　看著書中介紹的3至4歲幼兒，不禁令人想起「為玩樂而生的人」的形容，這個時期的孩子除了吃飯、睡覺的時間外，大多將精力花費在遊戲上。正確來說，孩子們如此專注於遊戲的原因，當然不是「為了遊戲」，而是「為了學習」。

我們的孩子出生後，為了在現代這個複雜的社會生存下去，有太多事情必須學習。在此過程中，孩子們可能感到疲累，也可能落後許多。然而本書中介紹的遊戲，不僅能讓媽媽和孩子們玩得開心，父母也能從中看見孩子更有自信地邁向世界的模樣。

藉此，孩子將可逐漸奠定成為善解人意、富有能力與創造力的成人的基礎。最重要的是，書中以其獨特的創意，將各國最新的研究成果應用於遊戲情境中，並兼顧能均衡發展孩子身體、語言、探索、社會性等必需能力的內容，對於子女處於遊戲「黃金期」的父母，將可帶來極大的幫助。

讓孩子在遊戲中快樂學習各項技能

文／宋荷娜
韓國發展心理學專家、成均館大學兒童青少年學系教授

■ 　幼兒期是在整個人生階段中，身體、認知、語言、社會、情緒各領域發展最為快速的時期。因為急遽發展，這個時期孩子經常出現不可理喻的錯誤與令人措手不及的變化，許多父母甚至產生「這孩子真的是我生的嗎？」的想法，在如此慌亂的情況下，便容易失去理智。

　　針對這樣的父母，本書將看似雜亂無章的成長變化融入遊戲之中，幫助孩子達到全人成長。本書同時也以作者的經驗為基礎，深入淺出地解答困擾父母們的疑惑。光是看著這本書，腦海中就已經浮現手中美味的葡萄乾，喊出「預備，衝阿！」的瞬間，孩子立刻踩著紅線走過來的開心模樣。

　　家有這個時期子女的父母，將可藉由本書體驗將逼迫孩子而令孩子討厭的事情，轉變為幸福遊戲的智慧。

| 推薦序 3 |

讓親子關係更緊密的啟蒙遊戲

文／尹慧卿
韓國心理學博士、好強安醫院發展醫學中心副所長

■ 　在孩子的成長過程中，3至4歲階段是孩子蛻變為一個人格體的重要時期。3歲以後的孩子開始具備身為獨立個體的主體性，這與0至2歲時完全不同。因此，為了孩子情緒表達、知性能力、社會能力等各層面的發展，這個時期父母的當務之急，便是積極與孩子互動、交流。

　　在與孩子進行書中遊戲的同時，父母將可掌握孩子的發展程度或特徵、興趣。也可以在與孩子的遊戲中，對孩子所說的話或表情、行為等，表達情緒上的支持，或給予條理清晰的說明，藉此鞏固親子間的情感聯繫或親密感。

　　此外，本書更能讓父母對孩子的殷切盼望，例如身體上的健康、知識上的聰明伶俐、情緒上的溫暖親切等，不再只是單純的期盼，而是真正付諸實現。

每天陪孩子玩10分鐘，
啟發孩子的知識與技能

• • •

「也教教我們怎麼玩遊戲。」

這本書出版後，最常收到朋友這樣的要求。看來，如今就連我身邊當上爺爺、奶奶的朋友們，也都缺少不了「遊戲」。

不過最需要遊戲的年齡，正是2歲到5歲的幼兒。在住家附近遊戲區玩耍的孩子，幾乎都介於這個年齡。24個月以前的孩子，還不能自由活動身體與表達意見，而5歲以上的孩子已經開始忙著準備上學。所以處在兩者中間的這個時期，正是孩子可以盡情玩耍的遊戲黃金期。

如雲霄飛車般的發展劇變期

　　如今孩子身高與體重的成長逐漸趨緩，而認知與社會情緒的發展開始加快。他們上山下海四處探索、跑跳、翻滾，只要一有機會，便使勁活動身體。拿到蠟筆，立刻在紙上塗鴉，煞有其事地寫下模樣相似的文字。

　　在認知方面，正處於發展心理學家皮亞傑（Jean Piaget）所謂前運思期（Preoperational Stage）的最初階段。皮亞傑認為，這個時期的幼兒無法進行邏輯思考，容易受眼前所見事物吸引。實際看見孩子們因為一塊餅乾被切成好幾塊，以為餅乾數量增加而滿心歡喜時，或許會認為皮亞傑所言不虛。

　　不過在皮亞傑之後數十年來的研究，紛紛指出這個時期的孩子比皮亞傑所認為的更加聰明。

　　為了不被懲罰而撒謊、看見媽媽的表情而說出幾句安慰的話，這些行為證明了孩子能確實預測未來，也具有推敲看不見心思的能力。

　　這個時期的孩子，另一方面也正跨越人稱「討人厭的2歲」的關卡。他們已不再是過去像個小跟班一樣緊緊跟在媽媽身後，對媽媽言聽計從、使命必達的孩子了。

如今，孩子的興趣逐漸轉向外界，跟隨同儕行動，為了證明自己與媽媽不同，故意耍脾氣、鬧彆扭。有時更刻意違背媽媽的命令，藉此試探媽媽的底線和自己的能耐。此外，雖說這個時期的孩子已粗具邏輯思考能力，不過卻可能吵著還要買家中已經堆滿的玩具，不管怎麼對他們說明，也充耳不聞，令父母無可奈何。

總而言之，這個時期孩子的內心正經歷成長帶來的混亂與陣痛的劇變期。孩子與父母都像是搭雲霄飛車一樣，處在忐忑不安、七上八下的狀態下。

從遊戲中學習人生最重要的技能

為具備閱讀的能力，這個時期的孩子努力學習語音區辨技巧與數數的原則。不但思考自己是誰，也學習讀取他人的心思，學習管理自我的方法。正如《All I really need to know I learned in kindergarten》（註：繁體中文版譯為《生命中不可錯過的智慧》，由橄欖出版社於2007年出版）一書的書名，改掉偏食習慣、均衡飲食、洗手、不碰他人的物品、與他人分享使用、道歉等人生最重要的技能，都在這個時期學習。

這些重要的知識與技能，孩子們並非從每週一次的學習週記上學習，也不是透過昂貴的補習班課程或家教學習，而是從遊戲中學習。孩子在「扮家家酒」中學習理解媽媽的心情；在

「超市遊戲」中學習加減算術；在「我說遊戲」中學習控制自己的方法；在「老師遊戲」中學習書寫。

本書依照各個領域，整理出這個時期孩子們必需的遊戲。書中介紹的各種遊戲，可以說是各領域最佳的教育課程。時時刻刻陪伴孩子盡情享受遊戲，度過這個如雲霄飛車般的劇變期，進入下個階段後，父母們將會看見在身心理都有長足進展的、令人疼愛的子女。

無法完成就不要勉強

至今為止，我們總是以「有志者事竟成」的心態武裝自己，過著緊張兮兮的生活。但是在和孩子玩遊戲時，請放下緊張的情緒吧！做的好做不好，這次做不好，下次再嘗試即可。反正是遊戲，不必太強求。

即使是沒有時間，煩惱和困擾太多，沒有餘力陪孩子玩遊戲的父母，也請放心，至少和孩子玩個10分鐘也好。孩子不能達到預期的成果也無妨。10分鐘內，只需要和孩子盡情歡笑、盡情玩耍。詳閱遊戲說明，掌握遊戲內容後，下次再讓孩子挑戰一次。孩子開心就好。有時甚至連父母心中糾結纏繞的複雜想法，也會奇蹟似地得到化解。和孩子們玩過的人都知道。

兒童發展心理學家、心理學博士
張有敬

▶ 本書使用方法 ◀

本書依據不同領域選擇並收錄這個時期孩子必需的遊戲。以下一面掌握本書的架構，一面了解各部分的使用方法吧。

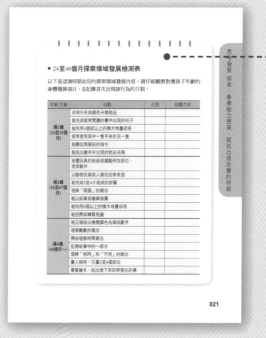

「**發展檢測表**」依據各領域整理而成。各領域內，再依年齡細分。在這個時期，年齡儘管重要，不過每個人的發展情況不盡相同，因此相較於年齡，依照不同發展領域提示遊戲方法較為恰當。期望藉由檢測表中提示的發展指標，作為期待孩子的發展，細心觀察孩子的契機。

● 同樣依照**領域分類**介紹各個遊戲。孩子們的遊戲其實能同時激發不同領域的發展，不過仍以影響最大的領域作為主要分類領域。這個時期孩子們的遊戲，比0至2歲的遊戲更富有教育性、發展性。如前所述，這是各個領域發展最劇烈的時期，因此本書參考許多研究與論文，選出能夠刺激各領域發展的遊戲。

● 在**開頭**部分簡單介紹該遊戲，可在閱讀遊戲方法前掌握遊戲。

● 在**準備物品**中，提示進行遊戲必需的物品。這些材料在家中就能輕鬆取得，回收物品也可以是孩子不錯的玩具。

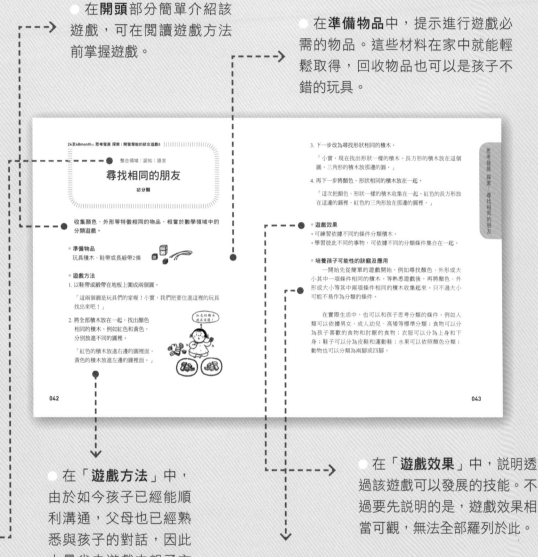

24至48month:: 思考發展 探索 | 開發潛能的統合遊戲8

● 整合領域：認知 | 語言

尋找相同的朋友

🔲 分類

收集顏色、外形等特徵相同的物品，相當於數學領域中的分類遊戲。

● **準備物品**
玩具積木、鞋帶或長緞帶2條

● **遊戲方法**

1. 以鞋帶或緞帶在地板上圍成兩個圓。

　「這兩個圓是玩具們的家喔！小實，我們把要住進這裡的玩具找出來吧！」

2. 將全部積木放在一起，找出顏色相同的積木，例如紅色和黃色，分別放進不同的圓圈中。

　「紅色的積木放進右邊的圓裡面，黃色的積木放進左邊的圓裡面。」

紅色的積木放在這裡！

3. 下一步改為尋找形狀相同的積木。

　「小實，現在找出形狀一樣的積木。長方形的積木放在這個圓，三角形的積木放那邊的圓。」

4. 再下一步將顏色、形狀相同的積木放在一起。

　「這次把顏色、形狀一樣的積木收集在一起。紅色的長方形放在這邊的圓裡，紅色的三角形放在那邊的圓裡。」

● **遊戲效果**
・ 可練習依據不同的條件分類積木。
・ 學習彼此不同的事物，可依據不同的分類條件集合在一起。

● **培養孩子可能性的訣竅及應用**

　一開始先從簡單的遊戲開始，例如尋找顏色，外形或大小其中一項條件相同的積木。等熟練遊戲後，再將顏色、外形或大小等其中兩項條件相同的積木收集起來。只不過大小可能不易作為分類的條件。

　在實際生活中，也可以和孩子思考分類的條件。例如人類可以依據男女、成人幼兒、高矮等標準分類，食物可以分為孩子喜歡的食物和討厭的食物；衣服可以分為上身和下身，鞋子可以分為皮鞋和運動鞋；水果可以依照顏色分類；動物也可以分類為兩腳或四腳。

思考發展 探索：尋找相同的朋友

042　　　043

● 在「**遊戲方法**」中，由於如今孩子已經能順利溝通，父母也已經熟悉與孩子的對話，因此大量省去遊戲中親子交談的對話。只有需要進一步明確說明遊戲方法時，才寫下對話。詳閱遊戲方法並對照圖案，更能輕鬆理解遊戲。

● 在「**遊戲效果**」中，説明透過該遊戲可以發展的技能。不過要先説明的是，遊戲效果相當可觀，無法全部羅列於此。

● 在「**培養孩子可能性的訣竅及應用**」中，提示可以改變該遊戲的幾種方法。參照遊戲訣竅，依據孩子情況調整難易度，再陪伴孩子遊戲即可。

淺談發展　集合相同的事物，有助於推理

　　分類是指將相同種類的事物分別放在一起。儘管看起來微不足道，不過分類能力是最基礎的認知能力之一，亦是邏輯性、數學性思考的基礎。

　　分類在幼兒的語言學習上，也發揮了相當重要的功能。例如最初學習詞彙「狗」的孩子，如果要在其他地方使用這個詞彙，必須要先能從貓、狗、大象等動物中區別出狗，予以分類才行。一旦分類完成，方可進行推理與預測。日後即使是孩子第一次看見的動物，如果被分類為「狗」，那麼不必每次特別經歷，也能預測各種可能，例如「會發出汪汪的叫聲」、「會咬人」、「可以養在家裡」等。

　　就分類能力的發展來看，2歲以上的幼兒已具備分類能力，不過只是根據自己才知道的標準分類，而非共通點與差異點。3歲以上的幼兒能夠依據一項標準（例如顏色、外形等）分類物品。

　　在「**淺談發展**」中，簡介關於這個時期幼兒的各種研究與理論、值得關注的主題等。這個部分大量參考各國研究，參考資料臚列於參考文獻中。由於盡可能言簡意賅地說明複雜的研究，看起來也許不過爾爾，不過仍努力介紹科學研究與有憑有據的內容。希望透過這個部分，能讓父母們進一步理解孩子的發展情況。

　　在「**Q&A煩惱諮詢室**」中，實際調查家有3至4歲子女的父母對遊戲的疑惑，摘選出頻率最高的4至5個問題。希望多少減輕過去媽媽們心中的煩惱。

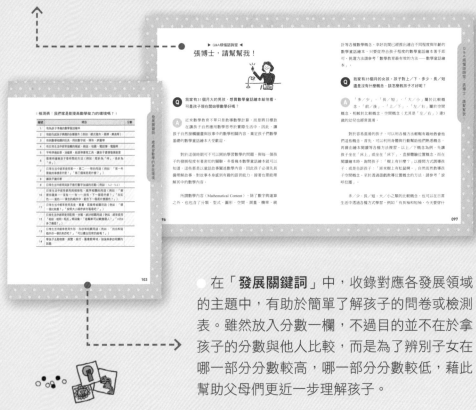

　　在「**發展關鍵詞**」中，收錄對應各發展領域的主題中，有助於簡單了解孩子的問卷或檢測表。雖然放入分數一欄，不過目的並不在於拿孩子的分數與他人比較，而是為了辨別子女在哪一部分分數較高，哪一部分分數較低，藉此幫助父母們更近一步理解孩子。

Chapter 1

思考發展 探索

開發潛能的 24 至 48 個月統合遊戲

專為**邏輯思考發展**的
觀察、探索遊戲

象徵能力提高，
認知出現改變的時期

• • •

探索領域發展的特徵

　　過了2歲，幼兒開始出現巨大的認知改變，其中象徵能力的發展最為顯著。所謂象徵，是以其他事物來表現另一個事物，語言、文字、數字即屬於此。他們開始使用象徵進行象徵性遊戲（或稱假想遊戲、想像遊戲、角色扮演遊戲），例如拿著積木假裝是電話、假想自己是媽媽等，都是使用象徵的遊戲。

　　發展心理學家皮亞傑指出，這個時期幼兒的思考受限於眼前所見的事物，較不具邏輯。所以從袋子內取出餅乾排開時，可能以為餅乾數量增加；將等量的果汁倒入窄長的杯子內，看著果汁高度增加，以為果汁量也跟著增加；男孩穿上裙子，留了長髮，也會以為自己變成了女孩。

不過，這個時期的幼兒也開始觀察、探索與調查這個世界，從中發展邏輯思考。他們能推敲原因與結果的關係，也開始發展從特殊案例中得出一般結果的歸納思考，以及從一般原則中導出特殊結論的演繹思考。

　　另一方面，孩子對數字與數數的興趣逐漸提高，無論身旁有什麼，總會一一細數看見的物品。在數數的同時，也提高了數字較小的加減運算能力。2歲開始能數「1」、「2」，過了4歲生日，已經能夠正確數到「5」，發展較快的幼兒甚至能數到「10」或「20」。

　　除此之外，他們也對幼兒期數學活動中的重要領域，如分類、測量、空間與圖形等產生興趣。能夠以顏色或圖形分類物品，不過早期僅能使用一種分類標準（例如：顏色）。在日復一日的日常生活中發現一定的樣式（例如：盥洗、吃早餐、刷牙等），預測之後即將發生的事。有時也會比較自己的身高和朋友的身高，或是自己的腳與爸爸的腳，並且比較與測量誰的牛奶比較多。懂得使用表示空間內位置的詞彙（例如：前、後、上、下等），掌握基本圖形，並在日常生活中找出該圖形。

● 24至48個月探索領域發展檢測表

以下是這個時期幼兒的探索領域發展內容。請仔細觀察對應孩子年齡的身體發展項目，並記錄首次出現該行為的日期。

年齡／月齡	活動	日期	相關內容
滿2歲 （24至35個月）	依照外形與顏色分類物品		
	能完成經常閱讀的書中出現的句子		
	能利用4個或以上的積木堆疊成塔		
	經常使用其中一隻手多於另一隻		
	能聽從兩階段的指令		
	能説出繪本中出現的物品名稱		
滿3歲 （36至47個月）	按壓玩具的按紐或擺動特定部位， 使其動作		
	以動物玩偶或人偶玩扮家家酒		
	能完成3至4片組成的拼圖		
	理解「兩個」的概念		
	能以鉛筆或蠟筆描圖		
	能利用6個以上的積木堆疊成塔		
	能扭開或轉緊瓶蓋		
滿4歲 （48個月～）	能正確説出幾種顏色名稱或數字		
	理解數數的概念		
	開始理解時間概念		
	記憶故事中的一部分		
	理解「相同」和「不同」的概念		
	畫人物時，只畫2至4個部位		
	看著繪本，説出接下來即將發生的事		

整合領域：認知；感覺、身體；語言

尋找同色朋友

☑ **大肌肉發展**　☑ **分辨顏色**

趣味學習顏色名稱，並從周遭事物中尋找各種顏色的有趣
遊戲。

● **準備物品**
色紙、托盤

● **遊戲方法**
1. 將色紙放上托盤，詢問孩子顏色的名稱。

「小實，這張紙是什麼顏色呢？」
「紅色！」
「答對了，是紅色。」

2. 讓孩子找出家中與色紙顏色相同的物品，並放置於色紙上。

「小實，家裡還有哪些東西是紅色的？請你找出來，放在紅色的紙上。預備，開始！」

● 遊戲效果
★ 可學習分辨顏色與顏色名稱。
★ 四處走動尋找顏色相同的物品，達到運動大肌肉的效果。

● 培養孩子可能性的訣竅及應用
　　在遊戲的過程中，也可以限定時間或和媽媽比賽看誰找到最多同色物品；或是以相同方法進行尋找其他顏色物品的遊戲。還可以在出外時，觀察公園或超市內的物品、身旁經過的車輛的顏色，以手機拍照下來。

淺談發展　**教導孩子顏色的階段性方法**

　　一項調查顯示在韓國36個月的幼兒中，有50%至70%能夠找出紅色、藍色、黃色，可見幼兒學習顏色概念的快速。教導孩子顏色的方法，也有以下幾個階段。

★ 第1階段：尋找相同顏色

好比「尋找同色朋友」遊戲一樣，讓孩子尋找日常生活中帶有相同顏色的物品。此時先給孩子看要找的顏色，再讓孩子找出同樣的顏色（或同色朋友）。一開始應避免嘗試多種顏色，而是以同一顏色反覆練習，直到孩子熟悉為止。

★ 第2階段：理解顏色名稱

由大人説出顏色名稱，孩子尋找對應的顏色，例如「可以給我黃色杯子嗎？」或是將各種顏色的蠟筆放在孩子面前，説出「給我藍色的蠟筆」等帶有顏色名稱的指令，觀察孩子是否能找出對應的顏色。至少應使用兩種以上的顏色，才能正確掌握孩子是否知道顏色名稱。

★ 第3階段：說出顏色名稱

這個階段是最困難的程度，孩子不僅要能聽懂顏色名稱，更要能説出口。看著身旁經過的汽車，問孩子：「那輛車是什麼顏色？」或是問：「這條褲子是什麼顏色？」誘導孩子説出顏色名稱。如果孩子無法順利説出顏色名稱，不妨給孩子一點提示，例如：「ㄏ——ㄏ——ㄏ（如果孩子會説，則繼續等待）——黃色。」

整合領域：認知；感覺、身體；語言

尋找同形狀朋友

☑大肌肉發展　☑辨別圖形　☑問題解決

讓孩子熟悉圖形的模樣，同時也能促進大肌肉運動，可謂一舉兩得的室內遊戲。

● 準備物品

色紙、封箱膠帶、剪刀

● 遊戲方法

1. 將色紙剪成數個圓形、三角形、四角形等各種圖形，並教小朋友認識不同形狀。

（例如：紅色圓形4張、黃色三角形4張、藍色四角形4張、橘色星形4張等）

2. 將剪好的圖案混合，以封箱膠帶貼在長寬4 × 4的範圍內，並選定出發與抵達的地點。

3. 從起點起，踩著相同圖案到達終點。

「小實，注意看，媽媽先踩紅色的圓，走到終點。接著再換小實踩著黃色三角形走到終點。」

● 遊戲效果

★ 有助於辨別圖形與熟悉圖形名稱。

★ 使用大肌肉，並培養解決問題的能力。

● 培養孩子可能性的訣竅及應用

　　也可以用更簡單的方法進行遊戲：當媽媽說出「圓形」時，立刻找出圓形，並且站在圓形上面。或是讓孩子踩著不同的圖形，一邊說出該圖形的名稱，例如踩上圓形時，說出「圓形」。還有更具挑戰性的玩法，即利用圖形名稱組成更複雜的指令，例如「往黃色三角形的右邊移動兩格」等。

淺談發展　數學教育最有效的方法──數學童話繪本

　　數學教育最有效的方法之一，便是善用數學童話繪本。好的繪本能提高孩子的數學問題解決（MPS）能力、數學思考能力。針對有助於幼兒數學能力發展的繪本，一項研究曾提供以下評估的標準。

　　基本前提必須是文字與圖畫搭配得宜的繪本，且能與孩子的實際經驗產生連結，同時激發孩子積極思考各種數學解決方法，才是一本好的數學童話繪本。此外，若能納入數字運算、幾何、測量、代數等數學概念，並對此加以說明或提供思考的機會更好。在該研究中，幼兒園教師與研究人員選出以下幾本優良數學童話繪本。

1. 《免錢猴的帽子店》（金紹熙著、金秀鉉繪，韓國：그레이트북스出版）

2. 《是誰跑得快？》（金純漢著、孫正賢繪，韓國：한국헤밍웨이出版）

3. 《蘋果哐的一聲掉下來》（多田弘著、小螺譯，中國：光明日報出版）

4. 《超棒的錯誤》（申順載著、金福泰繪，韓國：아이세움出版）

5. 《十隻家鼠躡手躡腳》（徐正雅著、崔智景繪，韓國：한국헤밍웨이出版）

6. 《誰弄翻了小船？》（潘蜜拉・艾倫著、余治瑩譯，中國：青島出版社出版）

7. 《橡樹林中的小布穀鳥》（李泰容著，韓國：한국헤밍웨이出版）

8. 《好餓的毛毛蟲》（艾瑞・卡爾著、鄭明進譯，臺灣：上誼文化出版）

9. 《重義氣的兄弟》（李鉉周著、金天政繪，中國：큰컴퍼니出版）

10. 《修理修理yap！》（編輯部著，中國：지혜의정원出版）

11. 《Monsieur P'tit Sou》（Edmée Cannard著，法國：Didier Jeunesse出版）

12. 《十二隻小鴨太多啦》（蔡仁善著、柳勝荷譯，韓國：길벗어린이出版）

整合領域：認知；感覺、身體；語言

數算圍棋子

☑ **對應概念**　☑ **數數**

在孩子對數字特別有興趣的時期，利用骰子進行遊戲，培養孩子一對一的對應概念與數字概念。

● 準備物品

骰子、黑色圍棋子20顆、白色圍棋子20顆

● 遊戲方法

1. 媽媽和孩子各準備一張顏色不同的圖畫紙。
2. 在二張圖畫紙上分別擺上20顆黑色圍棋子和碗、20顆白色圍棋子和碗。
3. 擲出骰子，拿起與骰子數字相同的圍棋子放入碗內。

「小實，現在擲出的骰子數字是多少，就要放一樣的圍棋子放進碗裡喔！媽媽示範一次給你看。

（擲出骰子，假設骰子數字為5）「好，我們來數數看，1、2、3、4、5，骰子有5個點。接下來，媽媽就要把5顆黑色圍棋子放進碗裡。我們來數一數共有幾顆圍棋子，1、2、3、4、5，把5顆圍棋子放進碗裡。」

4. 依骰子數字拿起等量的圍棋子，最先裝完圍棋子的人獲勝。

● 遊戲效果
★ 可熟悉一對一對應概念與數數概念。
★ 多次重複遊戲後，即使沒有一一數算，也能憑直覺一眼看出較小的數量。
★ 全部數完後，可知道總共有幾顆圍棋子（數量）。

● 培養孩子可能性的訣竅及應用
　　觀察孩子數算圍棋子時，是否一個圍棋子對應一個數字。因為一開始數算圍棋子時，可能一顆圍棋子數成兩個數字。至於骰子的選擇，有黑點標示的骰子會比數字骰子好。等孩子掌握數字與數數的關係後（即數字2代表兩個），再使用數字骰子也無妨。若要增加遊戲的難度，可以在遊戲最後骰子擲出與剩餘圍棋子數量相同的數字時，才能結束遊戲。例如圍棋子只剩2顆，骰子也要擲出2點，才能將剩餘的2顆圍棋子放入碗內。

淺談發展　知道數數的原理才開始數數的嗎？

　　有時孩子會以手指指著兩顆糖果，嘴中下意識說出「1、2、3」的數字。但是等他們全部數完，問他們「總共有幾顆？」時，卻又糊里糊塗地重新數數。這是因為他們雖然記住了數字名稱，卻仍未完全理解數數的概念，才會出現這種現象。要能夠真正數數，孩子們必須先掌握一些數數的原理。不過幸好數數的經驗越多，越能快速習得這些數數的原理。請先閱讀以下數數的原理，檢視孩子是否已完全理解。

★ **一對一對應的原理**：一個數算的對象，只能使用一個數字。例如要數算的物品為1，使用「1、2」兩個數字則為錯誤。

★ **一定順序的原理**：數字名稱必須遵守「1、2、3」的順序，不可為「2、3、1」，無視數字的順序。此順序必須熟記。

★ **無關順序的原理**：例如數算人偶或球、玩具汽車時，從人偶開始數「1」，或是從球開始數「1」，或是從玩具汽車開始數「1」，結果永遠相同。

★ **基數的原理**：數數時，最後說出的數字即為整體的數量。例如數糖果數到「1、2、3」，則糖果總數為「3」顆。

★ **抽象化的原理**：不只有糖果或手指可以數算，動物、植物、玩具、喜歡的事情等，任何事物都可以數算。

整合領域：認知；感覺、身體；語言

誰的數字最大？

☑ 小肌肉發展　☑ 數學概念

與孩子一起進行卡片遊戲，帶領孩子進入較大數字的世界，比較數字大小的同時，可以了解小數字與大數字的差異。

● 準備物品
白紙、剪刀、麥克筆

● 遊戲方法
1. 裁剪白紙，製成兩組各寫有數字0至10的卡片。
2. 媽媽和孩子各持一組11張分別寫有0至10的數字卡片。
3. 將所有數字卡片翻面，不可看見自己卡片的數字。
4. 數到3，媽媽和孩子同時翻開其中一張卡片。
5. 翻出數字較大的人，可收下對方的卡片。如果數字相同，則重新開始。

「媽媽翻出數字4！小實的數字多少？是10呀！那麼誰的數字比較大？沒錯，10比4大，所以小實贏了。小實可以把媽媽的卡片拿走。」

6. 翻完所有卡片，遊戲即結束。擁有最多卡片的人獲勝。

● **遊戲效果**
★ 對數字更加熟悉，數學學習也更有趣。
★ 培養比較兩個數字大小的能力。
★ 翻開薄的紙張，可達到小肌肉運動效果。

● **培養孩子可能性的訣竅及應用**
　　當孩子熟悉遊戲後，可以使用11至20的數字，或是混合0至20的數字，讓遊戲變得更具挑戰性。此外，翻出數字較大的人先唸出自己的名字，即可變成快速判讀數字與比較數字大小的遊戲。唸出名字時，如果數字比對方的數字小，則對方可取走其中一張卡片作為懲罰，或是變換規則，由翻出數字較小的人收下對方卡片，也相當有趣。

整合領域：認知；語言；感覺、身體

朋友的家在第幾間？

☑序數　☑專注力

藉由這個遊戲，讓孩子知道數字也能以第2、第2、第3……
等序數表示。

● 準備物品

小動物模型10個、小優格罐（或小
盒子、塑膠容器、袋子等）10個

● 遊戲方法

1. 在孩子面前將10個優格罐從左至右排成一列，左邊起依序為第
   1間、第2間……，最右邊的優格罐即為第10間。
2. 給孩子動物模型，讓孩子仔細聽完媽媽說的話後，找出放入動
   物模型的房子。
3. 以序數說出動物的家。

　「小豬的家在第3間。」
　「母牛的家在第5間。」

小豬的家
在第3間！

1 2 3 4 5 6 7 8 9 10

● 遊戲效果
★ 更有趣、更輕鬆地學習序數的表達方式。
★ 培養專注聆聽的能力。

● 培養孩子可能性的訣竅及應用
　　當孩子熟悉此遊戲後，加入左邊與右邊的概念，例如
「山羊住在母牛家的左邊第2間」，讓遊戲變得更複雜。

淺談發展　建議多與孩子進行較大數字的數數遊戲

　　許多研究顯示，絕大多數父母高估了孩子的數字程度。
父母們並不知道，即使是能夠數到10的孩子，也並不了解
「3」這個單字代表物品有「3個」（基數的原理）。

最新一項研究分析，14至30個月幼兒與父母的對話，指出在幼兒的數學知識發展上，除了父母多與孩子談論數字外（對話的量），進行什麼樣的對話（對話的類型）也相當重要。

根據芝加哥大學萊文（Susan Levine）教授團隊的研究，父母在孩子幼年時（13至30個月）經常數算眼前所見的物品，或多次談論數字，對孩子在46個月左右將會掌握的基數有一定的影響。不過其他類型的對話對基數的理解則無直接關係。

有趣的是，同樣是眼前所見物品，相較於談論較小數字（1至3）的物品，談論較大數字（4至10）對孩子的基數知識發展帶來更重要的作用。要達到這樣的效果，媽媽們與孩子一起數算眼前物品的經驗至為重要。尤其經常數算4至10的較大數字，而非較小數字1至3的經驗，更有助於孩子理解基數的原理。

整合領域：認知；感覺、身體；語言體

哪一列比較多？

☑ **數字守恆**　☑ **數數**

即使孩子是數數高手，也會數得眼花撩亂的遊戲。

● **準備物品**

黑色圍棋子5顆、白色圍棋子5顆

● **遊戲方法**

1. 將5顆黑色圍棋子排成一列，底下再將5顆白色圍棋子排成一列，對齊黑色圍棋子。

2. 讓孩子數算黑色圍棋子共有幾顆。在孩子數數時，媽媽也一邊手指圍棋子，一邊跟著大聲數。

3. 如果孩子回答「5」，稱讚孩子答對了；如果孩子答錯，則重新數一次，讓孩子確認圍棋子有5顆。

4. 讓孩子計算白色圍棋子有幾顆，確認白色圍棋子和黑色圍棋子各有5顆。

5. 縮短白色圍棋子的間距，使白色圍棋子一列的長度短於黑色圍棋子。

6. 詢問孩子兩列的圍棋子數量是否相同。

「小實，黑色圍棋子比較多，還是白色圍棋子比較多？還是兩個數量一樣多呢？」

7. 如果孩子回答兩列的數量一樣，詢問孩子原因並給予稱讚；如果孩子回答長度較長的一列圍棋子較多，則讓孩子重新數算圍棋子。

（**如果孩子回答「一樣」**）詢問孩子：「你怎麼知道兩列的數量一樣呢？」聆聽孩子的說明。

（**如果孩子回答「長的圍棋子比較多」**）則為孩子說明：「看起來比較多嗎？那我們再來數一次圍棋子。黑色有幾顆？白色有幾顆？一樣都是5顆。」以此方式告訴孩子兩列圍棋子的數量均為5顆。

● **遊戲效果**
★ 可理解即使長度改變，數量也不會改變的數字守恆（Conservation）概念。
★ 熟悉快速數數。

● **培養孩子可能性的訣竅及應用**
　　不少擅長數數的孩子玩這個遊戲時，經常答錯。如果孩子將數字與長度搞混，一開始先從較小的數字（圍棋子2顆）開始即可。

思考發展 探索：哪一列比較多？

淺談發展　長度增加，數量也會增加嗎？

　　發展心理學家皮亞傑藉由「哪一列比較多？」等遊戲，主張幼兒（2至5歲）對數字尚未形成邏輯思考。根據皮亞傑的主張，這個時期的幼兒不具有「守恆概念」，即使不使用加減法，只是改變圍棋子的長度，孩子也會認為數量產生了改變。

　　令人驚訝的是，即使將餅乾切成兩半，或是在盤子上將餅乾鋪開，孩子也會以為數量增加而歡天喜地。或是將等量的果汁倒入窄而長的其他杯子裡，致使高度增加時，孩子們也會以為果汁的量增加。其原因在於這個時期的幼兒仍未具有「邏輯」思考，一心執著於眼前所見的事物。

　　然而其他研究人員認為，進行「哪一列比較多？」等遊戲後，當餅乾的間隔改變，孩子也會重新數算，確認數量相同，當類似經驗不斷重複，即使是幼兒，也能形成邏輯思考能力。

整合領域：認知、感覺、身體、語言

骰子加減法

☑ 數數　☑ 運算

可練習加、減法的趣味遊戲。

● **準備物品**

骰子2顆、黑色圍棋子10顆、
白色圍棋子10顆

● **遊戲方法**

1. 媽媽先擲出2顆骰子。

   「小實，現在我們來玩減法遊戲，看好，媽媽先擲出2顆骰
   子。」

2. 從擲出的骰子中，將數字較大的減去數字較小的，再拿走等量
   的圍棋子。

   「小實，先看媽媽示範。這一顆骰子的黑點有5個，另一顆骰
   子的黑點有2個。5-2=3，所以媽媽可以拿走3顆圍棋子。」

3. 讓孩子擲出2顆骰子，將2顆骰子的數字相減後，再拿走等量的
   圍棋子。

   「這次換小實試試看。好，擲出2顆骰子，看看擲出多少數
   字。嗯，一顆是2，另一顆是4。那小實可以拿走幾顆圍棋子？
   4減2＝2，所以小實可以拿走2顆。」

● 遊戲效果

★輕鬆有趣地進行數數與運算練習（尤其是減法練習）。

★讓孩子喜歡數學，對數學產生信心。

● 培養孩子可能性的訣竅及應用

　　可以增加圍棋子的數量，也可以進行加法練習。輪到媽
媽擲骰子時，不妨故意算錯減法，拿錯圍棋子數，觀察孩子
是否發現了錯誤。有時尋求孩子的幫助，可以增加孩子對
加、減法的信心。

淺談發展　用手指運算加、減法，不好嗎？

　　根據發展心理學家羅伯特・西格勒（Robert Sigler）的研究，剛開始學習加、減法的幼兒，使用手指運算並無不良影響。最好的辦法當然是大量練習背記答案，之後不必計算也能直接說出答案，不過在達到這個程度之前，不妨多利用手指練習求出解答。

　　再說根據最新的神經認知研究，每根手指活動靈活，手指控制能力強的幼兒，在算術方面也有傑出表現。因此，從神經認知的觀點來看，讓孩子運算時頻繁使用手指，有助於其日後數學能力的發展。

　　過去數學教育者一度禁止孩子使用手指數數，如今他們也建議一開始以手指數數，之後數算具體的事物，最後利用心智表徵（Mental　Representation）數算。如果孩子正開始學習加、減法，即使利用手指也好，多讓孩子累積數數、加法、減法的經驗，讓孩子逐漸記住簡單的運算結果。

整合領域：認知；語言

尋找相同的朋友

☑分類

收集顏色、外形等特徵相同的物品，相當於數學領域中的分類遊戲。

● 準備物品

玩具積木、鞋帶或長緞帶2條

● 遊戲方法

1. 以鞋帶或緞帶在地板上圍成兩個圓。

   「這兩個圓是玩具們的家喔！小實，我們把要住進這裡的玩具找出來吧！」

2. 將全部積木放在一起，找出顏色相同的積木，例如紅色和黃色，分別放進不同的圓裡。

   「紅色的積木放進右邊的圓裡面，黃色的積木放進左邊的圓裡面。」

紅色的積木放在這邊！

3. 下一步改為尋找形狀相同的積木。

「小實，現在找出形狀一樣的積木。長方形的積木放在這個圓，三角形的積木放那邊的圓。」

4. 再下一步將顏色、形狀相同的積木放在一起。

「這次把顏色、形狀一樣的積木收集在一起。紅色的長方形放在這邊的圓裡，紅色的三角形放在那邊的圓裡。」

● **遊戲效果**

★ 可練習依據不同的條件分類積木。

★ 學習彼此不同的事物，可依據不同的分類條件集合在一起。

● **培養孩子可能性的訣竅及應用**

一開始先從簡單的遊戲開始，例如尋找顏色、外形或大小其中一項條件相同的積木。等熟悉遊戲後，再將顏色、外形或大小等其中兩項條件相同的積木收集起來。只不過大小可能不易作為分類的條件。

在實際生活中，也可以和孩子思考分類的條件。例如人類可以依據男女、成人幼兒、高矮等標準分類；食物可以分為孩子喜歡的食物和討厭的食物；衣服可以分為上身和下身；鞋子可以分為皮鞋和運動鞋；水果可以依照顏色分類；動物也可以分類為兩腳或四腳。

淺談發展　集合相同的事物，有助於推理

　　分類是指將相同種類的事物分別放在一起。儘管看起來微不足道，不過分類能力是最基礎的認知能力之一，亦是邏輯性、數學性思考的基礎。

　　分類在幼兒的語言學習上，也發揮了相當重要的功能。例如最初學習詞彙「狗」的孩子，如果要在其他地方使用這個詞彙，必須要先能從貓、狗、大象等動物中區別出狗，予以分類才行。

　　一旦分類完成，方可進行推理與預測。日後即使是孩子第一次看見的動物，如果被分類為「狗」，那麼不必每次特別經歷，也能預測各種可能，例如「會發出汪汪的叫聲」、「會咬人」、「可以養在家裡」等。

　　就分類能力的發展來看，2歲以上的幼兒已具備分類能力，不過只是根據自己才知道的標準分類，而非共通點與差異點。3歲以上的幼兒能夠依據一項標準（例如顏色、外形等）分類物品。

整合領域：認知；感覺、身體

下一個是什麼？

☑規律　☑樣式

早餐、午餐、晚餐、早餐、午餐……，下一個是什麼？以下將是孩子學習生活中看不見的各種樣式的第一個遊戲。

● 準備物品

無

● 遊戲方法

1. 媽媽以身體表現樣式。

「小實，仔細看媽媽的動作喔！猜猜看。（媽媽坐下 — 起立 — 坐下 — 起立 — 坐下）」

2. 詢問孩子媽媽下一個動作是什麼。

（**媽媽維持坐姿**）「小實，媽媽接下來要做什麼呢？」
（**如果孩子回答「起立」**）「答對了。」
（**一邊起立**）「接著是起立。小實怎麼知道的？對，媽媽不

停坐下——起立——坐下——起立。好，猜猜這一次是什麼。」

3. 下一步表現新的樣式。

拍掌——摸鼻子——跺腳——拍掌——摸鼻子——跺腳——拍掌

「好，媽媽先拍掌，下一個動作是什麼？」
（孩子答對時）「哇，這次小實也看得很認真喔！答對了，下一個動作是摸鼻子。接下來換小實排順序好嗎？」
（孩子答不出來時）「和媽媽一起做做看。」
（邊說邊動作）「拍掌——摸鼻子——跺腳——拍掌……。拍掌完後摸鼻子，然後跺腳！媽媽摸完鼻子後要做什麼？對了，要跺腳。」

● **遊戲效果**
★ 可理解具有一定規律的事物或事件重複出現的樣式。
★ 讓孩子有機會尋找日常生活中的樣式，並嘗試運用。

● **培養孩子可能性的訣竅及應用**
　　和孩子一起編固定的動作樣式，並以物品呈現。例如坐下以黑色圍棋子代替，起立以白色圍棋子代替，如此即形成黑色——白色——黑色——白色的圍棋子樣式。再將圍棋子樣式以圓形與三角形畫在紙上，形成圓形——三角形——圓形——三角形樣式。不妨試著在日常生活中尋找各種樣式。在衣服的紋路或壁紙的紋路等各個地方，都可以發現不同的樣式。

淺談發展　掌握樣式，即可進行預測

　　樣式（Pattern）是事物或事件依照一定的規律反覆出現。仔細觀察，在我們的日常生活與大自然現象中，也有樣式。例如紅綠燈閃燈的順序是綠燈──黃燈──紅燈，轉為綠燈時，車子開始移動；早餐──午餐──晚餐等日常生活有樣式；春──夏──秋──冬四季有唯一的樣式；0、1、2、3……9、10、11等數字排列有樣式；衣服或壁紙有某些重複的花紋具有固定的樣式；經常哼唱的歌曲，也是由一定的樂音組成重複的旋律。

　　知道這些樣式，有什麼幫助嗎？正如同分類一樣，理解樣式也是基本認知活動的一種，其優點在於理解樣式後，即可掌握規律性；掌握規律性後，即使不必親身經歷，也能預測之後的發展。

　　換言之，掌握季節的樣式，即可知道春天之後是夏天，並做好迎接夏天的準備。因此，樣式為看似毫無規律的日常生活，提供了一定的秩序與重要的資訊。

整合領域：認知；感覺、身體

串串爆米餅

☑**小肌肉發展** ☑**樣式**

利用餅乾既能學習型式，又能享用美味零食，可謂一箭雙鵰的絕佳遊戲。

● **準備物品**
各種顏色的小米餅（或可串於線上的各色穀片）、毛線、小碗、剪刀、膠帶

● **遊戲方法**
1.將米餅依顏色分類，分別盛裝於不同的碗內。

2. 裁剪毛線3條各30公分。裁剪後的毛線其中一端貼上膠帶，使呈現長錐狀（類似鞋帶）。

3. 將不同顏色的餅乾排列成A——B——C樣式（例如紅色——綠色——黃色），讓孩子依照此樣式以毛線串起餅乾。樣式至少重複3至4次。

> 「小實，照著媽媽示範的樣子，用毛線把餅乾按照『紅色——綠色——黃色——紅色——綠色——黃色』的順序串起來。」

4. 給孩子另外兩條毛線，讓孩子創造新的樣式。

例如：AA——BB——CC、A——BB——CC——DDDD（例如紅色x 2——綠色x 2——黃色x 2、紅色——綠色x 2——黃色x 4）。

> 「小實，這次換小實決定餅乾的順序，創造新的順序吧？該怎麼做才好呢？」

● **遊戲效果**

★ 有助於理解樣式，達到小肌肉運動的效果。

★ 讓孩子知道色彩規律重複而產生一定的樣式時，看起來更漂亮。

● **培養孩子可能性的訣竅及應用**

將不同水果塊串在線上，做成樣式項圈。此外，也可以將不同顏色的色紙裁剪為手指長度，捲成環狀後，串製成色紙樣式項鍊。

淺談發展　尋找樣式

* 3歲以上幼兒在遊戲中觀察並跟著動手做，可輕鬆有趣地學習樣式。
* 到了4歲左右，已大致認識AB、AABB等單純的樣式，並能跟著做。
* 5歲幼兒除了理解樣式外，也能以口語描述樣式、延續樣式、插入樣式、創造樣式。

　　與孩子一起從生活周遭或大自然中、音樂或歌曲中，尋找看不見的樣式吧！也可以利用自己身體的擺動，直接創造動作樣式。樣式其實就存在於我們生活的周遭。

整合領域：認知；感覺、身體；語言

測量家人身高

☑ **測量方法**　☑ **觀察力**

測量家人的身高，比較誰的身高高，也可藉此觀察孩子身
高的變化。

- 準備物品
  各種顏色的毛線、膠帶、色紙

- 遊戲方法
1. 首先讓孩子躺在地板上，腳掌貼住牆壁。
2. 裁剪與孩子等高的毛線後，以膠帶貼在牆壁上。
3. 讓爸爸躺在地板上，裁剪與爸爸等高的毛線後，貼在牆壁上。
4. 爸爸和孩子一起用毛線測量媽媽的身高，剪下後貼在牆壁上。
5. 裁剪色紙製成名牌，貼在與自己身高等高的毛線上。

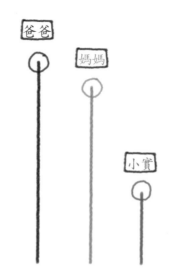

● **遊戲效果**

★學習測量身高的方法。

★測量家人的身高，並能依照身高排出高矮順序。

★持續測量孩子的身高，可親眼觀察成長的過程。

● **培養孩子可能性的訣竅及應用**

　　除了毛線外，也可以利用各種物品測量身高，例如用孩子的繪本、積木、手掌測量身高，還可以利用步數大致測量身高。

淺談發展 排序其實並不容易

給3至4歲的幼兒幾支長度各不相同的鉛筆，讓他們按照長短排列順序，最後經常以失敗收場。起初雖然能將兩、三支鉛筆依照長短排序，不過之後總是歪七扭八，甚至鉛筆的底部沒有對齊，只有筆尖依照長短順序排列。

到了5至6歲，必須經過多方嘗試後，才能順利依照長短排序，但是也有不少孩子在排列過程中漏掉了一至兩支鉛筆，因為無法依照長短插入排列好的鉛筆中，導致必須重頭開始。

排序是比較身高、長短、體重等條件後，依照順序排列，而在排序之前，必須先掌握事物的異與同。在依照長短排列鉛筆的順序前，必須先考量鉛筆兩端的長度，因此得先將其中一端對齊後，才能排序。

「測量家人身高」這類將毛線的一端固定於地板，藉此比較家人身高的遊戲，是能讓孩子體驗排序的絕佳活動。

整合領域：認知；感覺、身體；語言

哪一個比較重？

☑ **測量方法**　☑ **問題解決**

利用不再使用的衣架當作秤子，比較物品的重量。玩具汽車的重量等於幾個積木呢？

● **準備物品**

衣架、毛線或繩子、紙杯、打洞器、膠帶、小玩具、小熊布偶、10圓硬幣

● **遊戲方法**

1. 兩個紙杯左右各打2個孔，穿過毛線後打結。
2. 將兩個紙杯掛在衣架的兩端，以膠帶固定，避免鬆脫。
3. 將衣架掛在門把上。
4. 其中一個杯子放入熊布偶。

「小實，把小熊布偶放進紙杯裡。紙杯往下掉了吧？」

熊布偶　　硬幣

5. 在另一個紙杯內放入硬幣，直到秤子平衡為止。數數看要放幾
   個硬幣才能讓秤子平衡。

　　「把硬幣放進這邊的紙杯裡，直到天秤不再傾斜。要放幾個硬
　　幣才好呢？」

● **遊戲效果**
★累積比較與測量重量的經驗。
★培養問題解決能力。

● **培養孩子可能性的訣竅及應用**
　　將玩具兩兩分為一組，比較兩個玩具的重量。也可以雙
手提舉玩具，比較重量，再以秤子比較重量，了解使用秤子
和使用雙手有何差異。試著與孩子談論使用硬幣比較重量，
具有哪些方面的優點，並思考有哪些東西需要測量重量後標
示售價。

淺談發展　我有多高？弟弟有多重？

　　孩子們經常在日常生活中測量。我身高有多高？弟弟有多重？這個玩具可以放進那個包包裡嗎？需要幾杯水才能裝滿這個水壺？要解決這些問題，就必須測量。測量是以數字呈現物體的重量、長度、寬度、體積等特徵。

　　測量的方法也不少。第一，直接比較兩種物體的方法。可以使用秤子或直接以雙手提舉，比較熊布偶與玩具汽車的重量，看看哪一邊比較重。第二，利用其他單位比較的方法。例如熊布偶和幾枚硬幣一樣重、我的腿和幾個迴紋針一樣長等，利用積木或硬幣、迴紋針等周遭隨手可得的其他單位，即可測量重量或長度。第三，直接以磅秤測量重量，以尺測量長度。到超市購買水果、蔬菜或肉類時，以磅秤測量重量，或以捲尺測量高度或腳的長度。

　　到了3歲左右，開始出現直接比較或利用硬幣、迴紋針等其他單位測量的能力，而這項能力在進入4歲後快速發展，大多數幼兒已經能夠直接比較與利用其他單位測量。在測量的類型方面，以長度比較最為容易，其次依序為重量、體積、寬度，體積的測量最困難。

整合領域：認知；語言

什麼東西不見了？

☑ **專注力**　☑ **記憶力**

提高孩子專注力與記憶力的遊戲。

● **準備物品**

小玩具（例如：積木、汽車、布偶、恐龍、蠟筆、鑰匙、小球）

● **遊戲方法**

1.將3至4個小玩具放置於桌面上，讓孩子說出各個玩具的名稱。

「小實，你說說看這裡有些什麼玩具。」（**直接使用孩子所使用的詞彙，並重複孩子說出的詞彙。**）

2.讓孩子仔細記住眼前玩具，再讓孩子閉上眼睛，數到3。
3.趁孩子閉上眼睛的時候，拿走其中一個玩具。

蠟筆

4. 請孩子睜開眼睛，檢查什麼玩具不見了。
5. 放入新的玩具，重複步驟2至4，這次不必重新詢問孩子玩具的
　 名稱，直接讓孩子找出不見的玩具。

● **遊戲效果**
★ 提高集中注意力的能力。
★ 提高孩子的記憶力。
★ 讓孩子思考各種提高記憶力的方法。

● **培養孩子可能性的訣竅及應用**
　　如果孩子都能記住玩具，可再增加玩具的數量；如果孩
子覺得困難，則減少玩具的數量。試著比較不詢問玩具名稱
而開始遊戲，與說完玩具名稱才開始遊戲，哪一種情況孩子
更容易記住，並與孩子討論為什麼。

淺談發展　歐美兒童比亞洲兒童更清楚記得過去的事

　　根據康乃爾大學王教授及其研究團隊的研究，讓幼兒與兒童回想過去發生的事情並試著描述時，歐裔、美籍幼兒與小學生比中國、韓國兒童更能準確、詳細記憶過去的事件。此外，美國兒童能清楚記住過去發生的特別事件，而亞裔兒童則記得更多日常生活中的事。在記憶內容方面，美國兒童更常表達自己扮演的角色或喜歡的事物、情緒等，而亞洲兒童則多提及他人更多於自己。

　　研究人員表示，父母多與孩子談論過去發生的事情，孩子的記憶力越好，且對話的方式也影響了記憶的內容。因此，若要提高孩子對過去的記憶，最好增加與孩子對話的時間，多與孩子談論和父母一同參與的事件，如此不但可以增加對話主題，也可以幫助記憶。

　　此外，孩子也能思考如何對過去某個事件表達個人想法。談論孩子與他人（朋友、親戚、老師）一起參與的事件，則可以讓孩子重新思考社會規範、人際關係、對自己行為的期待等。偶爾與孩子談論較私密的事件，更能多讓孩子反思自己，例如個人的經驗或想法、情緒等。

整合領域：認知；語言

尋找相同的照片

☑ 專注力　☑ 記憶力

利用孩子的照片與家庭照進行的記憶力遊戲。

● 準備物品
孩子的照片與家庭照

● 遊戲方法

1. 選出3張孩子的照片、3張家庭照，各沖洗2份。

2. 將沖洗好的12張照片混合，蓋住正面並排列於孩子面前。

3. 由媽媽先翻開2張照片，如果2張照片相同，則拿走翻開的2張照片，繼續翻開下2張照片；如果2張照片不同，則將照片放回原位，重新蓋住正面，輪到下一位翻牌。

＊必須清楚記住對方翻開的照片與位置，輪到自己翻牌時，才容易找到相同的照片。

「小實，像這樣翻開2張照片，如果2張照片一樣，翻開的人就可以拿走。可是如果2張照片不一樣，就要放回原本的位置。所以媽媽翻開照片的時候，你要記清楚是哪張照片、放在什麼位置喔！」

4. 讓孩子用相同的方式翻開照片。

● 遊戲效果
★ 有效提高專注力。
★ 提高對照片內容及照片位置的記憶力。

● 培養孩子可能性的訣竅及應用
　　除了照片外，也可以使用圖卡或數字卡。此外，不僅是相同的照片，彼此相關的卡片也能配對（例如松鼠配橡實，小貓配魚，山羊配草）。等孩子都能記清楚後，再逐步增加卡片的張數。

淺談發展　媽媽們對幼兒數學的看法

　　一項研究曾調查媽媽們對幼兒期數學教育的看法。多數媽媽認為，數學是「邏輯思考的基礎」，因此幼兒數學教育能讓孩子「對數學產生信心」，並使其「在日常生活中沉浸於數學的經驗，體認數學的價值」，對孩子不可或缺。而回答幼兒數學教育應從3至4歲開始的人，超過一半以上。

在對幼兒數學的內容與預期程度的問題中，多半認為數數與數量認知等數學計算相當重要，而在與分類、排序、基礎測量相關的經驗、對時間基本概念的掌握、與基礎統計相關的經驗中，則出現較低的回答率。

在數數與數量認知方面，回答「物品能數到10，並與數字連結」、「能理解到50的數字概念，嫻熟數數，並能直接閱讀數字」者，各占34.63%，回答率最高。然而「能理解到50的數字概念，嫻熟數數，並能直接閱讀數字」，是小學一年級上學期數學的概念，「能理解51到100範圍內的數字概念，嫻熟數數，並能直接閱讀數字」，是小學一年級下學期數學的概念。

在加法與減法認知方面，不少媽媽回答幼兒園課程的目標，在於「實際操作事物的加減」。然而最多人回答的「藉由總和為10的加法算式與減法算式，快速找出10的補數」，已是小學一年級下學期數學的程度。

換言之，媽媽們認為幼兒數學的內容只在於數數與數量認知，卻期待孩子在該領域的程度超越幼兒園階段，達到小學的程度。

整合領域：認知；語言

數字反說

☑**工作記憶** ☑**智能** ☑**語言** ☑**閱讀**

雖然不必準備物品，卻是頗有難度的工作記憶力遊戲。

● **準備物品**

無

● **遊戲方法**

1.媽媽向孩子說明活動內容：這是聽完數字後，將數字反著說的遊戲。

「小實，仔細聽媽媽唸出來的數字，記在腦海裡，再反著說出來喔。如果媽媽說『4、6』，小實要說什麼才對？答對了，要說『6、4』。」

2.媽媽唸出兩個數字（5、7），中間停頓約5秒，由孩子說出數字。

3.改由孩子唸出兩個數字，媽媽反著說。

● 遊戲效果

★有助於工作記憶力的發展。

★有助於智能、語言能力、閱讀能力的發展。

● 培養孩子可能性的訣竅及應用

　　等孩子熟悉將2個數字反著說後，再將數字增加為3個、4個，讓孩子嘗試反著說。除了數字之外，也可以使用詞彙。例如媽媽說「樹木、飛機」，孩子則反著說「飛機、樹木」。

淺談發展　媽媽剛才你要我做什麼？

「玩過的積木放回紅色籃子裡，繪本擺回書架上，衣服和襪子丟進洗衣籃裡！」聽見這樣的指令，多數孩子整理完積木後，已經忘記接下來媽媽說要做什麼了。

不只是孩子，大人有時也是如此，走進房間後，忽然自問：「我來這裡做什麼？」或是急著要說什麼，最後卻說出：「我剛才要說什麼？」忘記原本開口說話的目的。這些都屬於工作記憶力負責的範疇。

所謂工作記憶力，是指我們進行某種活動（工作）期間記憶資訊的地方（能力）。在說話、書寫、心算時，也需要工作記憶力。例如心算69+57時，也經常在算完9+7=16後，忘記原本的問題是什麼，導致無法完成計算。

根據最新一項研究，工作記憶力的水準，比智能指數更能預見孩子未來的學業成就。工作記憶力相對低落的孩子，總是無法好好聽從指示，態度散漫，也經常弄丟自己的物品。工作記憶力可以藉由練習提升，而「數字反說」遊戲正有助於提高這種工作記憶力。

整合領域：認知；感覺、身體；語言

滾呼拉圈

☑ **方向與方位**　　☑ **專注力**　　☑ **聽覺能力**

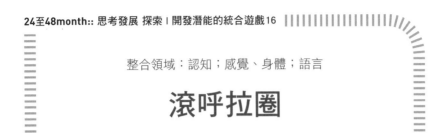

可以自然、快樂地體驗代表方向或位置的詞彙，尤其是孩子們經常混淆的左邊和右邊。

● **準備物品**
呼拉圈、椅子

● **遊戲方法**
1. 準備呼拉圈，讓孩子先拿呼拉圈自由玩耍。
2. 等孩子玩了一段時間後，使用表示方向、位置的詞彙向孩子下達指令。

小實！
把呼拉圈滾
到左邊！

「小實，仔細聽媽媽說的話，然後跟著做喔！」

「進入呼拉圈裡面。出來呼拉圈外面。」

「站在呼拉圈前面。站在呼拉圈後面。」

「把呼拉圈放在椅子上面。把呼拉圈放在椅子下面。」

「把呼拉圈放在小實肚子的上面。把呼拉圈放在小實肚子的下面。」

「把呼拉圈滾到小實的左邊（右邊）。」

「把呼拉圈放在腰間轉圈（貼著腰轉）。向左搖（向右搖）呼拉圈。」

3. 換孩子使用代表方向、位置的詞彙下達指令。

「這次由小實來說，媽媽跟著做。」

● **遊戲效果**

★藉由身體活動自然地熟悉方向或方位的詞彙，尤其是孩子們仍不易分辨的左、右、上、下的概念。

★熟悉表示方向或方位的詞彙，並在遊戲中自然而然地使用。

★提高專注力與聽覺能力。

● **培養孩子可能性的訣竅及應用**

待孩子熟悉遊戲後，可以讓指令變得更複雜一些（例如站到椅子上，向左丟呼拉圈）。此外，也可以在表示方向或位置的詞彙外，加入數字的概念，以提高遊戲的難度（例如呼拉圈搖3圈後，鑽進椅子下）。

淺談發展　右手是吃飯的手

36個月幼兒約有50%了解前、後之分，不過只有20%能分辨左、右。一般而言，幼兒以自己身體為中心開始學習方向的概念，而我們的身體天生左右對稱，因此不易區別左、右。不過早在使用「左邊」、「右邊」的詞彙以前，已經能夠以自己身體為中心區別左、右。因為左邊是「心臟所在的一邊」，右邊則是「另一邊」，或者對大多數的右撇子而言，右手是「吃飯的手（或拿筷子的手）」。

在教導3歲左右幼兒區別左、右邊時，最好先觀察孩子的雙眼、雙手、雙耳中，是否有慣用邊，再從慣用邊教起。如果不清楚孩子的慣用手（慣用眼、慣用耳），可以觀察孩子主要以哪一手收下物品，或是給孩子海螺殼，讓孩子聽聲音時，孩子將海螺殼放在哪一隻耳朵上。

確認孩子的慣用手後，如果是右撇子，可以讓孩子舉起右手後，輕輕搔癢孩子的腋下。或是像「滾呼拉圈」一樣，利用身體動作設計遊戲，不僅能同時記住身體的感覺，也更容易學好方向與位置。穿衣服或鞋子時，和孩子並肩坐下，示範給孩子看，這時也先從孩子的慣用邊開始。

整合領域：認知；感覺、身體；語言

聽指令堆積木

☑ **聆聽指令**　　☑ **規則與順序**　　☑ **角色取替能力**

可以在玩積木的同時，培養數字、顏色、圖形、方向、位置等各種認知概念的統合遊戲。父母們會發現，要讓孩子聽懂指令並不容易。

● **準備物品**
積木組、檔板（木板、塑膠板）

● **遊戲方法**
1. 將檔板放在中間，媽媽和孩子各坐兩邊。
2. 媽媽和孩子各拿一組外形與顏色相同的積木。

「好，媽媽和小實各拿一組一模一樣的積木。一起來數數看有幾個？紅色方形積木3個、黃色長積木2個、綠色三角形積木4個」。

小實！把1個紅色方形積木疊在黃色長積木上！

069

3. 媽媽一邊堆積木，一邊口頭指引孩子完成和自己正在堆的積木一模一樣的作品。由於中間有檔板，孩子此時看不見媽媽正拿著什麼樣的積木、堆成什麼形狀，媽媽必須詳細說明要拿什麼樣的積木，堆在什麼地方。

「小實，媽媽會用說的告訴你該怎麼堆積木，小實要好好聽清楚再跟著做喔！首先把1個紅色的正方形積木疊在黃色的長方形積木上。」

4. 進行到一定程度後，拿開檔板，比較彼此積木的形狀是否相同。

● 遊戲效果
★ 培養明確向對方說明及聆聽對方指令的能力。
★ 加強數字、位置、方向、模樣、比較等各種數學概念。
★ 輪流扮演下達指令的人與聽從指令的人，可學習遵守規則與先後順序。
★ 進行堆積木遊戲的同時，可以促進小肌肉運動與手、眼協調能力。
★ 提高設身處地為對方著想的角色取替能力及同理心。

● 培養孩子可能性的訣竅及應用
積木的數量越多，越需要更精準、詳細的說明，因此任務也變得更困難。偶爾下達模稜兩可的指令，觀察孩子是否能聽懂。

淺談發展　聽不懂也是我的錯

在「聽指令堆積木」遊戲中，孩子看不見媽媽拿著什麼樣的積木，如何堆積木。根據研究指出，在這種情況下，即使下達指令者發出不明確的訊息，孩子們也不會察覺。

例如媽媽說「拿起紅色的積木」時，孩子面前正好有紅色的方形積木和紅色的三角形積木。此時，多數孩子並不會提出「有兩種紅色積木，是哪一種紅色積木？」的疑問，而是毫不猶豫地拿起兩個紅色積木中的其中一個。換言之，孩子們無法判斷自己是否真正理解對方所說的話，甚至部分孩子即使察覺了訊息不明確，也不會質疑對方，而是陷入猶豫不決中。

當對方的訊息模稜兩可時，只會認為是自己的錯，而非對方訊息不夠明確。這是因為他們還無法判斷口頭訊息的優劣真偽。進行「聽指令堆積木」等遊戲，使孩子不斷接受明確的訊息與不明確的訊息，可營造判斷訊息正確性的機會。

整合領域：認知；語言；身體、感覺

看地圖尋寶

☑象徵　☑繪製與解讀地圖

讓喜歡玩捉迷藏的孩子，看著藏寶圖尋找寶藏吧！

● **準備物品**

圖畫紙、色紙、小娃娃、小玩具、
剪刀、膠水、貼紙、筆

● **遊戲方法**

1. 將小玩具藏在客廳傢俱下。

2. 在圖畫紙上畫出客廳剖面圖，標示窗戶的方向與大門入口。

3. 將客廳內的物品以注音寫上名稱（電視、書櫃、沙發、桌子、餐桌等）寫在色紙上，以剪刀裁剪後，製成各物品的名牌。

4. 向孩子說明客廳地圖。

「小寶，和媽媽一起尋寶吧！你看，這是我們客廳的地圖。這裡是客廳，窗戶在這裡，大門在那裡。」

5. 讓孩子將物品名牌一一放在客廳地圖上，並將娃娃放在孩子所在的位置上。

「媽媽也用剪刀把色紙上的電視、沙發和書桌剪下來了。小實好好看清楚電視在客廳的哪裡，沙發又在哪裡，然後把色紙貼在這張地圖上。這個娃娃就是小實，要放在什麼地方呢？」

6. 在客廳地圖上找出藏有小玩具的地方，貼上貼紙。

7. 讓孩子拿著地圖找出貼著貼紙的地方，並找出小玩具。

「現在拿著地圖，找找看貼著貼紙的地方在哪裡，然後找出玩具吧！」

● 遊戲效果

★讓孩子理解地圖是呈現實際場所的象徵性道具。

★有助於提升繪製地圖、解讀地圖的能力。

● 培養孩子可能性的訣竅及應用

待孩子駕輕就熟後，再繪製涵蓋其他房間的全家地圖，讓孩子看著地圖尋寶。也可以將住家周邊的地圖一起畫進去，帶孩子實地探險。

淺談發展　什麼時候能看懂地圖？

　　無論是語音或文字、照片、影像、數字、圖表、積木……，孩子們的共通點都在於「象徵（Symbol）」。象徵是指以「球」的發音或文字、球的圖案或照片，甚至是以孩子們在接發球遊戲中將紙張揉成的球狀物，取代實際並不存在的球。

　　根據皮亞傑的認知發展階段，從2歲以後幼兒開始說話，出現拿著積木當成電話的象徵性遊戲起，到進入學校就讀為止，最重要的認知發展是對象徵的掌握與使用。

　　地圖是以點和特殊符號將實際空間記錄於紙上的象徵性道具，比起忠實呈現實際面貌的模型或照片，地圖可以說更加抽象。所以2.5至3歲之間的孩子能夠看著模型或照片，找出實際的目標，不過地圖的解讀則是到稍晚的3.5至4歲，才具備的能力。「看地圖尋寶」雖然是相當簡單的遊戲，不過要能解讀地圖，必須先了解長方形代表客廳的電視、沙發，貼紙代表被藏起來的物品。此外，也必須先掌握傢俱與寶物之間的位置關係，究竟寶物是藏在桌子的前面還是後面，才能解讀地圖。

整合領域：認知；語言；感覺、身體

廚房紙巾染色趣

☑科學　☑觀察力

水沿著廚房紙巾移動，顏色逐漸產生變化，彷彿眼前上演魔術表演般新奇有趣。

● 準備物品
透明的玻璃杯3個、廚房紙巾、食用色素（黃色、藍色等）

● 遊戲方法

1. 在2個玻璃杯內各倒入4／5的水量，一個滴入黃色食用色素，另一個滴入藍色食用色素。

2. 在黃色水杯與藍色水杯之間放入 1 個空杯，將廚房紙巾剪成兩條，長邊取4等分對摺，一端浸泡於黃色水杯內，另一端彎曲後放入空杯內。藍色水杯內也放入另一條對摺後的廚房紙巾的一端，另一端放入中間的空杯內。

3. 讓孩子猜猜中間的杯子即將發生什麼事。

「小寶，你猜等一下中間的空杯會發生什麼事？」（設問法）

「你看水正沿著紙巾往上爬耶。黃色水和藍色水，全都爬進中間的空杯裡了。這是因為紙巾吸收了水分的關係，樹木的根也是像這樣吸收了地底下的水分，再送到樹葉喔！」（**對滲透壓現象的說明**）

「黃色和藍色混合在一起，會變成什麼顏色？你看，變成綠色了。」（**對混色的說明**）

＊滲透壓現象導致黃色水和藍色水沿著廚房紙巾往中間空杯移動，直到三杯水的高度趨於相近，而中間杯子的黃色水和藍色水混合後，變成綠色。

● **遊戲效果**

★可親眼見證顏色的混合過程與結果。

★利用簡單的實驗，即可觀察樹木根部吸水的滲透壓現象。

● **培養孩子可能性的訣竅及應用**

不必非得向孩子一一詳細說明，讓孩子盡情觀察即可。除了黃色和藍色外，也可以選擇孩子想混合的顏色進行實驗，像是藍色和紅色，會混出什麼顏色？將兩、三張不同顏色的玻璃紙疊在一起，也能觀察顏色的混合。

淺談發展　幼兒也知道機率

　　美國柏克萊大學高普尼克（Alison Gopnik）教授主張，幼兒同樣在無意識的狀態下使用統計上的機率資訊。在一項研究中，曾研發一台放入積木後可亮燈與播放音樂的機器。研究人員將這台機器帶到2至4歲幼兒面前，展示放入第一個積木時，3次當中有2次亮燈與播放音樂；放入第二個積木時，6次當中只有2次亮燈與播放音樂。之後讓受測者選擇兩個積木中的其中一個，試著啟動機器。

　　在這項研究中，受測的幼兒也經歷過機器在兩種情況下都有兩次以上無法啟動的情形。不過他們要是知道機率，應當會選擇機率較高的第一個積木（2／3），而非第二個積木（1／3）。

　　結果正如研究人員所料，2歲以上的幼兒也大多選擇第一個積木。這項研究指出，即使在尚未具有加減能力的年紀，幼兒也在無意識中掌握了機率。

整合領域：認知；感覺、身體；語言

牛奶魔術

☑科學　☑好奇心

藉此遊戲，讓孩子見證美麗的紅色顏料忽然在牛奶上移動的神奇現象。

● **準備物品**

牛奶、少量洗碗精、食用色素、
棉花棒、盛裝牛奶的盤子

● **遊戲方法**

1. 將牛奶倒進盤子內，滴上幾滴食用色素。

　「小實，我們在牛奶上面滴幾滴紅色和藍色的顏料吧！紅色和藍色在牛奶上慢慢擴散開來了。」

2. 以棉花棒輕輕點在食用色素所在的地方。

　「小實，用棉花棒點在紅色的地方看看會怎麼樣？」（**沒有太大變化。**）

3. 以棉花棒沾少許洗碗精，再輕輕點在食用色素所在的地方。

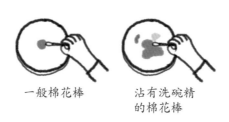

一般棉花棒　　　沾有洗碗精
　　　　　　　　的棉花棒

「現在用棉花棒沾一點媽媽洗碗用的洗碗精。把這根棉花棒點在紅色的地方看看。怎麼樣？哇！顏色開始移動了。其他顏色也點點看。那裡的顏料開始逃跑了耶。」

＊落在牛奶上的洗碗精，使色素四處移動。

● **遊戲效果**
★可觀察到食用色素在牛奶上暈開時，出現各種形狀與顏色的樣子。
★可比較棉花棒沾洗碗精之前與之後的變化，並觀察兩者的差異。
★激發孩子對科學現象的好奇心。

● **培養孩子可能性的訣竅及應用**
　　在棉花棒放入洗碗精之前，先將棉花棒點在牛奶上，觀察是否發生改變（沒有太大變化）。接著以棉花棒沾洗碗精，點在牛奶上，如此更可明確了解洗碗精的功用。

淺談發展　孩子們真的是因為疑惑才發問的嗎？

　　「腳踏車是怎麼前進的？」「蛇沒有耳朵，怎麼聽得到聲音？」「我為什麼沒有姊姊？」孩子們的問題無窮無盡。但是，孩子們真的感到困惑嗎？還是為了引起父母的注意才提問？

　　至1990年代為止，研究人員依然認為要理解原因與結果的關係，至少得到7至8歲才行。因此，在此年齡之前的幼兒提出「為什麼」的疑問時，並不被認為真正對問題的原因感到好奇。然而之後的研究結果顯示，至少3歲開始，幼兒已經了解因果關係。

　　史丹佛大學修納德（Michelle Chouinard）博士分析幼兒提出的數千個問題後，發現大多數是渴望獲得資訊的問題，例如這個動物叫什麼名字？那個人的鼻子為什麼紅紅的？而非為了引起父母注意或請求准許的問題。為獲得相關資訊，幼兒每小時平均提問76次。

　　在2至2.5歲幼兒的問題中，僅有4%需要說明，然而到了3歲時，30%的問題渴望獲得說明。3歲左右幼兒提出較多需要說明的問題，原因在於這個時期正是幼兒對因果相關資訊產生興趣的時期。

整合領域：認知；語言；感覺、身體

人工水龍捲

☑ **自然現象**　　☑ **科學**

既能在瓶中製造閃閃發亮的迷你水龍捲，又能學習自然現象的遊戲。

● **準備物品**
透明水瓶、亮粉、食用色素、洗碗精、水

亮粉

● **遊戲方法**
1. 在透明水瓶內倒入4／5的水量，滴入食用色素以利觀察。
2. 將1、2滴洗碗精與亮粉倒入水瓶內，蓋緊瓶蓋以免漏水。
3. 用力左右搖晃水瓶或畫圓狀旋轉水瓶，隨即放下，瓶中出現水龍捲。

　＊旋轉水瓶後放下，瓶中的水因慣性持續旋轉，由此形成水龍捲。

水龍捲

● 遊戲效果

★ 可觀察水瓶內形成的水龍捲。激發孩子對自然現象的好奇，
  思考水龍捲出現的原因。

● 培養孩子可能性的訣竅及應用

　　如果倒入太多洗碗精，容易產生泡沫，反倒無法形成水
龍捲。放入亮粉不但便於觀察，當水龍捲出現時，放在燈光
下或窗邊觀看，亮粉更能凸顯水龍捲的形狀。此外，水瓶的
瓶身越長，越容易形成水龍捲。

淺談發展　當孩子重複同樣的問題時

　　夏威夷大學佛萊（Brandy Frazier）教授團隊從3至5歲幼
兒的發問中，發現幼兒積極收集知識的行為。該研究指出，
幼兒是真正為獲得答案而發問，不是為了引起他人注意或其
他原因，且孩子的反應也隨著成人的回答而改變。

　　研究團隊為3至5歲的幼兒設計各種不合理的情境，例如
蠟筆盒內全放入紅色蠟筆，或是繪本中主角將柳橙汁倒入穀
片裡等。當孩子提出「為什麼主角把柳橙汁倒進穀片裡？」
時，成人給予說明原因的回答：「也許他把柳橙汁當成牛奶
了吧！」或是給予沒有說明的回答：「我覺得把牛奶倒進穀
片裡更好。」

其結果，成人不同的回答方式，引起孩子不同的反應。當孩子聽見原因說明時，出現點頭或回以「沒錯，我也這麼認為」，表示贊同的反應，並進一步追問：「可是他為什麼會這麼覺得？」然而當孩子聽見沒有說明的回答時，會再度提出原本的問題：「那為什麼要倒果汁？」或是表達自己的想法：「可能是因為牛奶盒和果汁盒長得很像，所以看錯了。」

當孩子重複同樣的問題時，可能是沒有聽見自己真正想要的說明的信號。此時，應先確認孩子哪一部分說明沒有理解，再重新給予說明。孩子的發問行為是提高認知發展的原動力，絕對有其必要。

整合領域：認知；語言

栽種青蔥

☑ **觀察力**　☑ **責任感**

既能每天觀察青蔥生長的情況，最後又能享用自己親手栽種的青蔥，可謂一舉兩得的遊戲。

● **準備物品**
青蔥、水瓶、水

● **遊戲方法**

1. 將料理後剩下的4至5公分青蔥底部（包含青蔥根）放入水瓶，倒入水。

> 「小實，這是『青蔥』，是我們吃完剩下的部分。知道媽媽把青蔥用在哪些料理上嗎？小實最喜歡的蛋餅有青蔥，湯麵裡面也有青蔥，雞湯裡面也放了青蔥，青蔥真的用在很多料理上呢！」

「吃完剩下的青蔥根，可以再讓它長出新的青蔥喔！要不要試試看？把青蔥根放進水瓶裡，再倒入水就可以了。我們每天都來觀察青蔥又長了多少吧？」

2. 將水瓶放置於日照充足的窗邊，觀察青蔥生長的情況。

● 遊戲效果
★ 可觀察青蔥根與蔥葉每天一點一滴長高的情況。
★ 剪下幾段親手栽種的青蔥，即可用於料理，藉此了解哪些料理使用青蔥，以及青蔥的味道又是如何。討厭青蔥的孩子，也會願意吃青蔥。
★ 讓孩子每天澆水、觀察，可培養其責任感。

● 培養孩子可能性的訣竅及應用
　　偶爾換水與清洗青蔥根，可防止散發異味。使用洋蔥也可進行相同的觀察，或是以土壤栽種萵苣、香菇等。

　　淺談發展　不過生日派對，就不會長大？

　　　　孩子們對於翹首盼望的生日派對，究竟如何認知？以色列研究團隊曾詢問3歲至9歲的以色列兒童對生日的看法。其結果，3至4歲的幼兒認為，生日只是大人和朋友開派對、贈送禮物與給予祝福的日子。

生日使他們聯想至禮物與派對，而非祝賀誕生的意義。直到7至9歲後，孩子們才明白生日是出生的日子，而生日派對是祝賀平平安安成長至今。

詢問孩子慶賀生日的原因時，4歲幼兒大多回答：「為了繼續長大。」舉例而言，當媽媽忘了孩子的生日而沒有舉辦生日派對時，4歲幼兒認為即使時間不斷前進，自己仍會繼續活在4歲。

此外，多數4、5歲的幼兒回答，雖然經常舉辦生日派對可以快速增加年齡，不過多次舉辦生日派對無法反過來減少年齡。要到7歲後，孩子們才回答生日派對無關年齡的增加或減少。

幼兒在真正理解生日的概念之前，必須先掌握各種複雜的概念，亦即「祝賀誕生」的社會意義、人類的年齡只增不減的事實、生日的月份與日期每年重複出現，大人與小孩的生日也可能是同一天的概念，都必須同時掌握才行。

整合領域：認知；感覺、身體；語言

觀察樹葉唱唱歌

☑ **自然現象**　☑ **觀察力**

利用和孩子外出散步時收集的樹葉進行遊戲，可提高孩子的觀察力。

● **準備物品**
  各種樹葉、圖畫紙、水彩顏料、
  調色盤（或四角形烤盤）

● **遊戲方法**
1. 和孩子外出散步時，收集各式各樣的樹葉。
2. 讓孩子比較各種樹葉，並找出共通點與差異點。

  ● **共通點**：都有葉脈、部份顏色相同。
  ● **差異點**：大小、顏色、外形等各不相同。

3. 將顏料擠在調色盤上。

4. 將樹葉的其中一面壓在顏料上,沾滿顏料後,拓印於圖畫紙上。

5. 以樹葉觀察活動的結果改編為孩子熟悉的歌曲,練習歌唱。

● **遊戲效果**

★仔細觀察各種樹葉的外形,比較彼此的共通點與差異點。

★有效培養觀察與探索自然生物的態度。

● **培養孩子可能性的訣竅及應用**

　　觀察葉子兩面的拓印有何不同?並與孩子談論輸送樹葉水分與養分的通道——葉脈。也可以進行測量樹葉長度的活動。

淺談發展　日常生活中的數學活動

　　在孩子的日常生活中，隱藏著各式各樣的數學活動。將玩具分類整理、飯前洗手、幫忙用餐準備等，在這些行為中，也能發現各種數學概念。例如一邊擺放碗筷，一邊計算符合家中人數的湯匙與筷子數量，在此過程中學習湯匙與筷子的分類及一對一對應概念。此外，將白飯、湯、湯匙與筷子擺上餐桌時，可學習位置的概念；盛飯菜與倒水時，自然學會質量的守恆。這些日常生活中的數學活動，有何重要的意義？

　　在一項研究中，將3歲以上幼兒分為兩組，一組同時進行主題式數學教學活動與搭配幼兒園例行生活的數學活動，另一組只進行主題式數學教學活動，並檢測其數學能力。其結果，額外增加日常生活中的數學活動的一組，出現較高的數學成績。

　　此一結果顯示，在幼兒的日常生活中，也存在許多與數字、運算、代數、圖形等數學概念相關的活動，應盡可能將此活動與數學概念結合。該研究同時也指出，測量概念可能是較難在日常生活中習得的概念。

整合領域：認知；感覺、身體；語言

春夏秋冬

☑ **自然現象**　☑ **小肌肉發展**

當春、夏、秋、冬季節改變時，孩子的生活會如何改變？利用這個有趣的遊戲，將季節的變化與孩子的日常生活聯繫起來。

● **準備物品**

孩子於春、夏、秋、冬四季拍攝的照片、膠水、大張紙4張、筆

● **遊戲方法**

1. 收集孩子於各個季節拍攝的照片，並依照春、夏、秋、冬四季來分類。

   *盡可能選擇呈現季節特徵的照片（例如夏天——海邊、游泳；冬天——泡湯、玩雪等）。

   「這裡有很多小實的照片，仔細看這些照片，選出春天（夏天、秋天、冬天）拍的照片吧！」

2. 將分類好的照片貼在各季節紙張上，寫上季節名稱。

3. 看著不同季節的照片，由孩子說出各季節穿什麼衣服、從事什麼活動。

　　「小實，這些是春天照的照片，你怎麼知道這些是春天（夏天、秋天、冬天）拍的照片呢？」

4. 詢問孩子喜歡哪一個季節，原因為何。

　　「小實最喜歡春、夏、秋、冬哪一個季節？為什麼？」

● **遊戲效果**

★ 培養比較照片並依照季節分類照片的能力。

★ 使孩子對季節變化更加敏感，並產生好奇。

★ 以雙手將照片黏貼於紙張上，促進小肌肉的發展。

★ 學習與各個季節相關的詞彙。

● **培養孩子可能性的訣竅及應用**

　　拿出孩子各個季節的衣服讓孩子分類。想想現在是哪一個季節，並說出可以從事的活動。

淺談發展　**女孩子數學不好？**

　　如果父母認同「女生數學比男生差」的說法，那麼女兒數學差的可能性相當大。一般認為女孩的數學、科學能力不如男孩，並歸因於生物學上的差異（大腦）。不過最新研究證明，父母的影響更大。3至6歲之間的幼兒已認知到自己的性別，並知道自己的性別是無法改變的事實，所以女孩喜歡粉紅色與布偶，男孩喜歡汽車和機器人。在形成這種性別刻板印象之前，父母發揮了一定的影響力，尤其在女生討厭數學這點上，父母與老師的影響力相當大。

　　一項研究指出，帶有「女孩數學不好」的刻板印象的父母，無論子女實際數學成績如何，這個刻板印象都將對子女產生影響。換言之，對數學帶有性別刻板印象的父母，並不期待女兒在數學有好的表現，一味認為數學不好理所當然。父母的這種想法，終究使女兒認為數學困難，自己數學不好是理所當然的事。

　　如果希望兒子與女兒都擅長數學與科學，首先必須摒棄父母帶有的性別刻板印象，重新思考該為孩子準備什麼樣的玩具和遊戲活動。多花點心思，也讓女兒有玩科學遊戲組的機會，並帶領女兒進行各種數學活動。

整合領域：認知；語言；感覺、身體

這是用什麼做的？

☑分類 ☑觀察力 ☑好奇心

了解各種玩具的製作材料，並探索不同材質的遊戲。

● 準備物品

以各種材質製作的玩具（扮家家酒塑膠遊戲組、縫製布偶、原木積木、塑膠陀螺、金屬玩具汽車等）

● 遊戲方法

1. 集合各種玩具，將材質相同的玩具放在一起。

「這裡有很多小實喜歡的玩具。這個布偶是用什麼做的呢？」
（等待孩子的回答）「嗯……。這是用布做的。那這個積木是用什麼做的？」

小實！那個陀螺是用什麼做的？

（**同樣等待孩子的回答**）「這是用木頭做的。好好想想這些玩具是用什麼做的，再把同樣材質的玩具放在一起。」

2. 檢查是否將材質相同的玩具分類確實，並告訴孩子製造各種玩具的材質。

「小實，知道這些玩具是用什麼做的嗎？是用塑膠做的。跟著媽媽說一遍，塑膠。那一堆是用木頭（布、金屬）做的。」

3. 讓孩子仔細端詳各種材質製成的玩具有哪些相似的共通點，並說說看。

「小實，現在用塑膠、木頭、布、金屬做成的玩具已經分類好了吧？那麼來看看同一堆的玩具有哪些相同的地方吧？先摸摸看相同材質做成的玩具，聽聽互相敲擊的聲音，再好好看個清楚，究竟它們有什麼不同的地方吧！」

- **塑膠**：材質輕，顏色鮮明，敲擊時發出喀喀的聲音。
- **木頭**：重量稍重，仔細看可以看見紋路。
- **棉布**：材質輕、柔軟，形狀可任意改變，不發出聲音。
- **鐵、金屬**：堅硬且重，溫度冰冷，敲擊時發出鏘鏘的聲音。

● **遊戲效果**

★ 知道熟悉的物品由各種不同的材質所製造，並對各種材質產生好奇。

★ 觀察各種材質的特性。

★ 在思考以各種方法找出共同相異特徵的過程中，培養問題解決能力。

★ 嘗試利用顏色、外形之外的特徵分類。

● 培養孩子可能性的訣竅及應用

　　將孩子的眼睛蓋住後，讓孩子觸摸各種材質，說出該材質的名稱。

淺談發展　孩子們喜歡的動畫

　　「寶露露」、「呆呆熊」、「泰路小巴士」、「機器戰士TOBOT」、「波力救援小英雄」、「湯瑪士小火車」……。以上是某一項研究中，由3至5歲幼兒票選出最喜歡的動畫角色。喜愛程度依序為機器人、交通工具、動物、女性角色、男性角色。

　　若依性別區分，男孩對交通工具（巴士、汽車）、機械（變身機器人）、工具較有興趣，女孩則較喜歡動物或比自己年齡大的女孩。男孩喜歡的動畫主角大多為好奇心旺盛、活潑的性格，並具有解決問題的領導風範與力量。至於女孩喜歡的動畫角色，則是性格開朗、具有女人味且充滿魅力。這種傾向，可能將女性必須美麗迷人，男性必須強壯且具有領導力量的性別刻板印象，從小烙印在孩子的觀念中。

　　另一方面，孩子也喜歡收看訴求對象比自己年齡大的動畫。4歲幼兒喜愛的《守護甜心！》與《變身公主》等動畫，是未滿7歲的幼兒不可收看的等級。不是所有以兒童為對象的動畫，都適合所有幼兒與兒童。當孩子沉迷於動畫時，父母必須檢視孩子看了什麼，又產生了什麼樣的想法。

張博士，請幫幫我！

Q 我家有31個月大的男孩，想買數學童話繪本給他看。可是孩子現在開始學數學好嗎？

A 近來數學教育不單只是教導數學計算，而是將目標放在讓孩子自然應用數學思考於實際生活中。因此，讓孩子自然接觸圖畫與故事中的數學相關內容，奠定孩子們數學基礎的數學童話繪本大受歡迎。

對於這個時期可不可以開始學習數學的問題，與每一個孩子的發展程度有著密切的關聯。多看幾本數學童話繪本就可以知道，這些都是以童話故事闡述數學內容，因此孩子必須先具備理解故事、對故事本身感到有趣的語言能力，接著也要能理解其中的數學內容。

所謂數學內容（Mathematical Content），除了數字與運算之外，也包含了分類、型式、圖形、空間、測量、機率、統

計等各種數學概念。幸好坊間已經推出適合不同程度與年齡的數學童話繪本，只要從符合孩子程度的數學童話繪本著手即可。挑選方法請參考「數學教育最有效的方法──數學童話繪本」。

Q 我家有35個月的女孩。孩子對上／下、多少、長／短還是沒有什麼概念，該怎麼教孩子才好呢？

A 「多／少」、「長／短」、「大／小」屬於比較概念，「前／後」、「上／下」、「左／右」屬於空間概念。相較於比較概念，空間概念（尤其是「左／右」）連5歲的幼兒也經常混淆。

對於容易混淆的孩子，可以用各種方法輕鬆有趣地教會他們這些概念。首先，可以利用身體與行動幫助他們熟悉概念，再藉由繪本閱讀等各種方法複習。以上／下概念為例，先讓孩子坐在「床上」或坐在「床下」，直接體驗位置概念。而在閱讀繪本時，詢問孩子：「樹上有什麼？」以提問方式誘導孩子；或是告訴孩子：「原來樹上有松鼠啊。」自然而然教導孩子空間概念。至於透過遊戲教導位置概念的方法，請參考「滾呼拉圈」。

多／少、長／短、大／小之類的比較概念，也可以在日常生活中透過各種方式學習。例如「有長袖和短袖，今天要穿什

麼？」「爸爸的碗大，還是我的碗大？」「餅乾多的盤子和餅乾少的盤子，你要哪一個？」像這樣和孩子相處時，經常不著痕跡地使用表示比較概念的詞彙，激發孩子思考與開口表達。閱讀繪本時，也可以隨時帶入比較概念。

Q 我家是4歲的女孩。她比其他小朋友還早開始說話，現在也比同年齡的孩子還會說話，可是最近有時會捏造一些不存在的事實。去幼兒園的時候，明明是沒去過的游泳池，卻說和爸爸一起去過了。究竟是這個時期的孩子原本如此，還是我家孩子有點問題，真傷腦筋。

A 先從結論來說，您大可不必擔心。這種現象經常出現在這個時期的孩子身上，是極其正常的認知發展的一個過程。原因雖然可能是孩子刻意編造謊言，也就是開始學會說謊，但也可能是記憶出現誤差。

一般而言，4至5歲左右的孩子開始學會說謊，但是要能夠說謊，必須先具備高度發展的認知能力。換言之，要能將現實與虛構（謊言）分離後各別維持，並且預測對方的反應，才有能力說謊。例如事實是在公園玩水，卻謊稱和爸爸去了游泳池，那麼孩子得先將這兩件事區別開來，並且渴望在老師或朋友面前顯得與眾不同，才能說出謊話。

另一個可能是，孩子的記憶被重新編輯。一般認為記憶如

同相機一樣準確，然而事實並非如此。例如孩子玩到一半腳踝受傷，某人問了「怎麼受傷的？和朋友打架了嗎？」等問題，就可能觸發孩子的記憶產生誤差，出現「和朋友打架才受傷」「朋友丟積木害我受傷」的記憶。

雖然無法知道您女兒是哪一種原因造成，不過只要將之視為正常的發展過程即可，不必過度擔心。雖說如此，如果是孩子刻意說謊，必須教導孩子說謊是不對的行為。下次若出現可能是說謊的情況，請試著與孩子溝通，如果孩子承認說謊，則告訴孩子說謊為什麼不對。讓孩子明白與媽媽或朋友、其他人的關係，必須建立在彼此信賴的基礎上，如果其中一人說謊，之後就無法再相信這個人說的話，和孩子一起閱讀與討論以說謊為題材的繪本，也是非常好的方法。

Q 我家是4歲的男孩。從幼兒園下課，4點過後就回到家了，和孩子玩到一半覺得累了，或是到了準備晚餐的時候，就開著電視讓孩子看。吃過晚餐後，繼續看大人看的節目或新聞，週末也不肯出去外面，眼睛睜開就一直看電視。我知道電視對孩子不好，但有什麼辦法可以改善呢？

A 就像減肥一樣，即使知道方法，也很難執行吧！收看電視也是如此。專家建議別讓這個時期的孩子一天看1至2小時以上的電視，但是執行起來可不如說的容易。甚至有些幼兒園也讓學生看電視。即便如此，還是可以試著努力。

首先在媽媽工作的1小時內，可以挑選適當的電視節目給孩子看，只不過這時務必熟知孩子正在收看什麼節目，避免暴力煽情的節目。在兒童動畫中，其實也有不少暴力煽情的節目，在孩子看完電視節目後，可以和媽媽分享節目的內容，如果時間允許，最好親子一同收看電視節目，並談論節目內容。

比一天收看1至2小時電視更嚴重的問題，是晚餐時間或週末開著電視的習慣，其實這是大人的習慣，並不容易改掉。當然也是需要全家人的同意與參與的事情，至少晚餐後到哄孩子睡覺前，盡可能不看電視，或是只看非看不可的電視，其餘時間關閉電視。利用這段時間拿出積木或孩子喜歡的玩具，陪伴孩子盡情遊戲，相信會成為比收看電視更快樂的時間，或是為孩子朗讀繪本，爸爸、媽媽也一起享受閱讀的時光。

就我個人和朋友的經驗，成人比幼兒更難關掉電視。不妨催眠自己「電視壞了」，一星期不看電視，如此一來，自然會發現許多替代活動。請與丈夫一起討論這個問題，找出最適合自己家人的解決之道吧！

Q 我家是4歲的女孩。非常喜歡恐龍，之前玩寶露露、波力、超級飛俠、波力救援小英雄之類的玩具時，就算玩得再久，最長也不超過一個月，興趣又轉向其他地方。

自從去年開始喜歡恐龍後，玩具一定要買恐龍玩具，出門玩的時候，也吵著要去看恐龍。現在記住的恐龍名字比大人知道的還多，也已經知道恐龍死亡的原因，與火山爆發和隕石墜落有關。所以正煩惱要讓孩子學更專業的恐龍知識，還是引導孩子玩其他遊戲。

A 這個時期的幼兒對各種動、植物生存的自然或宇宙、汽車等，具有濃厚的興趣。不過也有不少孩子尤其沉醉在特定的興趣中，恐龍正是其中一種，更有不少孩子像您的女兒一樣是恐龍專家。相較於一般成人，他們對恐龍的了解其實更多、更深。孩子有自己擅長的專業領域，這是非常好的現象，深入累積某個領域的知識，這些知識將獲得更有系統的整理，記憶也將更加深刻，更有助於未來學習新的領域。請利用孩子對恐龍的興趣，將之延伸到其他領域吧！

為了多了解恐龍，孩子可能對語文產生興趣，也可能對世界地理充滿好奇；為了瞭解恐龍實際的身高與體重，孩子也可能試著丈量1公尺的長度。換言之，如果孩子對恐龍特別有興趣，請購買相關書籍給孩子，帶孩子參觀展覽，盡可能維持這個喜好；同時也試著將這個喜好延伸到其他領域，拓展孩子感興趣的領域。如此一來，日後孩子將可成為深入掌握一個領域，再將興趣延伸到各種領域的「T型人才」。

處處皆數學的家庭環境

　　幼兒數學並非單純利用數字的計算，或是必須上補習班才能學到的抽象、複雜的內容。幼兒期數學與幼兒的日常生活有著密切的關係。

　　孩子告訴朋友們家裡的地址、記住電話號碼時，使用了數字；堆積木時，學到幾何與圖形。對孩子而言，日常生活本身就是一個數學的環境。透過下表，了解家中提供了孩子什麼樣的數學環境。

|檢測表：我們家是能提高數學能力的環境嗎？|

閱讀下表，填入1至4分，藉此了解家中環境適合孩子的程度。

- **完全不同意 ── 1**
- **不同意 ── 2**
- **同意 ── 3**
- **非常同意 ── 4**

┃ 檢測表：我們家是能提高數學能力的環境嗎？ ┃

編號	項目	分數
1	有為孩子準備的數學童話繪本	
2	有能引起孩子興趣的各種積木（例如：樣式積木、骨牌、樂高等）	
3	有與數學相關的玩具，例如數字板、彈珠、拼圖等	
4	有日常生活中經常接觸的報紙、雜誌、地圖、電話簿、電腦等	
5	平時準備鉛筆、油蠟筆、紙張等書寫工具，讓孩子盡情發揮創意	
6	看著時鐘教孩子看時間的方法（例如：短針為「時」，長針為「分」）	
7	日常生活中經常使用第一、第二……等的用語（例如：「第一件要做的事情是什麼？」「第三個東西是什麼？」）	
8	讓孩子讀月曆	
9	日常生活中經常與孩子進行數字加減的活動（例如：1+2、5-2）	
10	日常生活中經常使用與規律性、順序相關的用語（例如：「碗裡有蘋果──沒有──有──沒有，下一個是什麼？」「在紅色──藍色──黃色的順序中，藍色下一個是什麼顏色？」）	
11	日常生活中經常使用長度、重量、面積等相關用語（例如：「哪一個比較重？」「按照大小順序排列看看吧？」）	
12	日常生活中經常使用配對、分類、統計相關用語（例如：經常使用「相似、相同、相反」等詞彙。「這輛車可以載幾個人？」「A比B多了幾個？」）	
13	日常生活中經常使用外形、形狀等相關用語（例如：「找出和這個外形一樣的東西吧？」「可以畫出回家的路嗎？」）	
14	帶孩子去動物園、展覽、銀行、圖書館等地，談論與參訪相關的話題	

將以下各子因素對應的問題選項所得的分數相加後，求平均分數。平均分數超過3分者，分數越高，提供的環境越好。求各子因素平均分數後，即可得知必須加強什麼樣的環境，才能提高孩子的數學能力。

子因素	問題內容	問題編號	總分/題數
數學性 遊戲資訊	家庭中所提供與物質環境相關的內容，例如與數學相關的教材、教具等	1、2、3、4、5	／5
數學性 語言刺激	使用數學相關用語的父母與幼兒的語言互動	6、7、8、9、10、11、12、13、14	／9

Chapter 4

發展潛能的 24 至 48 個月統合遊戲

開啟情感、口語表達
的社交遊戲

學習自我、
了解朋友的時期

. . .

社會、情緒發展的特徵

　　到了2歲前後，孩子們開始學習何謂自我。首先觀察自己的長相，對自己的外貌產生興趣，並開始探索自己的姓名、年齡、性別等。隨著自我主張日益強烈，「不要」的使用越加頻繁。所以這個時期也是父母們大傷腦筋，不知是否該對不聽話或耍脾氣的孩子加以管教的時期。此外，這個時期對同儕的興趣提高，開始比較自己與他人，並進一步拿自己與自己預設的期待水準相比，由此感到驕傲或者羞愧。

　　如今，孩子們開始體驗各種情緒，並透過口語表達個人情感。不僅能藉由表情與動作掌握對方的情緒，也知道出現憤怒或快樂的情緒，都有其原因。另外，知道其他人可能擁有與自己不同的感受（例如：我喜歡玩公主遊戲，但是朋友不喜歡玩；我喜歡粉紅色，但是爸爸討厭粉紅色）。

幼兒的情緒調節能力在這段期間持續發展，起初不擅於調節情緒，可能因此倔強、耍脾氣，不過之後將逐漸學會各種調節方法（依戀布偶或毛毯、語言表達）。這個時期發展出的情緒調節能力，是日後社會性發展相當重要的基礎。所以，協助孩子認識各種情緒與得宜的表達方式，教導他們調節方法的情緒指導（Emotion Coaching）至為重要。

這個時期的幼兒起初在同儕朋友的身旁獨自玩耍，有時觀察對方並模仿對方的遊戲，進而逐漸與同儕一同規畫、落實遊戲，進行分工合作的假想遊戲。他們對朋友產生好奇，開始結交朋友，學習進入同儕團體的方法。和朋友在遊戲過程中發生衝突時，起初需要大人介入排解紛爭，之後逐漸學著採取具有建設性的解決策略。

孩子在這個時期最令人驚訝的改變，在於同理能力的發展。因此，他們能感知他人的情緒，努力安慰傷心的朋友或給予必要的幫助等，展現出一定程度的同理能力。

● 24至48個月社會、情緒發展檢測表

以下是這個時期幼兒的社會、情緒發展內容。請仔細觀察對應孩子年齡的發展項目，並記錄首次出現該活動的日期。

年齡/月齡	活動	日期	相關內容
滿2歲 （24至 35個月）	跟著大人或大齡兒童的動作做		
	和其他幼兒在一起覺得興奮		
	逐漸變得獨立		
	出現反抗行為，執意挑戰禁止的行為等		
	在其他孩子身旁獨自玩耍，最後演變成你追我跑的遊戲		
滿3歲 （36至 47個月）	在要好的朋友面前情感自然流露		
	在遊戲中遵守順序		
	理解「我的東西」和他人物品的概念		
	自由表達情感		
	反對、討厭出現變數		
	玩扮演父母的遊戲		
滿4歲 （48個月～）	假想遊戲的種類更多元		
	針對衝突協調解決之道		
	對不熟悉的物體或情況感到害怕（鬼、怪物等）		
	將自己視為具有身體、心思、情感的個體		
	時常混淆現實與想像		

整合領域：社會、情緒；語言；身體、感覺

我長得怎麼樣？

☑認識身體　☑創意

製作孩子親手畫的第一個自畫像作品，並與孩子看著圖畫，確認親子相像之處。

● **準備物品**
A4紙3張、麥克筆或蠟筆、
毛線、小信封、貼紙、膠水、
膠帶

● **遊戲方法**

1. 由媽媽在第一張紙寫上「我的名字是＿＿＿＿」，留下空格讓孩子寫上名字，並讓孩子在一旁畫出自己的長相。

   ＊如果孩子還不會寫自己的名字，可由媽媽代筆，或是讓孩子看著媽媽寫的名字，謄寫於紙上。

   ＊為了日後將遊戲1至遊戲3的作品集結成書，最好先將紙張的方向統一為直向或橫向。

2. 在第二張紙寫上「我的生日是＿＿＿年＿＿＿月＿＿＿日。我今年＿＿＿歲」後，唸出數字，讓孩子填入空格內，並貼上與年齡相等的貼紙。

3. 在第三張紙寫上「我的體重＿＿＿公斤。我的身高＿＿＿公分」，讓孩子將數字填入空格內。旁邊貼上小信封，剪下與孩子身高等長的毛線，放入小信封內。其餘空間讓孩子畫出自己的全身。

● 遊戲效果

★讓孩子寫下自己的名字與出生年月日、身高、體重，畫出自己的容貌，從而認知到自己是個獨一無二的存在。

★自然學到圖畫與文字、數字的功能。

● 培養孩子可能性的訣竅及應用

　　父母可了解孩子如何看待自己的容貌與身體的模樣，藉此引導孩子正面看待自我身體。如果孩子是追求完美的性格，也可能對自己畫的作品不滿意，要求媽媽為自己畫圖。這時應告訴孩子：不是畫得一模一樣才是好的作品，畫得開心才是最重要的。必要時，不妨給孩子欣賞知名畫家的自畫像（例如：1964年、1969年畢卡索的自畫像），或是其他同儕朋友的自畫像作品。

淺談發展　認識自我

幼兒如何認識自我？從看見自己的長相起，已經開始認識自己。在紅點實驗（Rouge Test，又稱鏡子實驗（Mirror Test））這個有趣的研究中，媽媽悄悄在孩子的鼻子點上紅點，再拿鏡子給孩子看。如果孩子知道鏡中映照的成像是自己，自然會摸自己的鼻子將紅點擦掉。

對9至24個月幼兒進行紅點實驗的結果，18個月以前的幼兒沒有認出鏡中的自己，直到18個月後，才開始認出自己的臉。以韓國幼兒為例，讓孩子看著鏡子，並詢問他們「鏡子裡的人是誰？」時，在24個月的幼兒中，約有77%回答「我」。

從認出自己的臉開始，幼兒便已進入學習自己是男是女、年齡多大的「學習自我」的過程中。這種對自我的了解，也有助於社會性的發展，越清楚認知自己的幼兒，與他人的合作越順利。

整合領域：社會、情緒；語言；身體、感覺

我能做到的事

☑ 小肌肉發展　　☑ 創造力　　☑ 自我評價

藉由了解自己手、腳所能做的事情的遊戲，進一步發現手、腳所能做的事情超乎我們的想像。

● 準備物品

A4紙2張、水彩顏料、筆

● 遊戲方法

1. 將孩子的手沾滿顏料，於紙上印出手印後，詢問孩子能用手做的事情，並寫下孩子的回答。

   「小勇，這是小勇的手。小勇可以用手做什麼呢？」（例如：吃飯、畫圖、寫字、堆積木、揮手說再見、提包包等）

2. 將孩子的腳沾滿顏料，於紙上印出腳印後，詢問孩子能用腳做的事情，並寫下孩子的回答。

「小勇，這是小勇的腳。小勇可以用腳做什麼呢？」（例如：行走、跳躍、踢球、上下樓梯、站立等）

● 遊戲效果
★ 單純的手印或腳印，也可以是很棒的美勞作品。
★ 學習手、腳的各種功能。
★ 有助於培養創意性。
★ 讓孩子正面看待自己的身體。

● 培養孩子可能性的訣竅及應用
　　多花點心思，引導孩子正面看待自己的身體。當孩子說出手腳的一種功能後，先給予稱讚，再繼續詢問：「還可以用手（腳）做什麼事情呢？」讓孩子思考並回答3至4種以上手、腳所能做的事情。利用手、腳的形狀，也可以製作各具特色的勞作。

淺談發展　單純的性別分類也會強化性別刻板印象

　　孩子在3至5歲之間學習性別刻板印象。受性別刻板印象影響的幼兒，認為女生討厭數學，男生語言能力不佳，才是符合期待。（請參考「淺談發展　女孩子數學不好？」然而即使是大人對話中看似微不足道的詞彙，也會助長這種性別刻板印象的強化。

在一項研究中，曾將3至5歲的幼兒分為兩組。其中一組教師刻意不使用「男生」、「女生」的詞彙，另一組教師巧妙地使用「男生」、「女生」的詞彙，例如「男生排在這裡，女生排在那裡」。不過兩組皆刻意不比較男生與女生（例如：男生比較安靜，還是女生比較安靜？）。

經過2週後，詢問孩子是否同意「只有女生可以玩布偶」這類性別刻板印象的問題，以及在同性與異性朋友中，最希望和誰一起玩等問題，實際上也觀察孩子大多和誰一起玩，比較兩組的性別刻板印象。

其結果，第一組幼兒在性別刻板印象上沒有變化，然而第二組幼兒的性別刻板印象增強，與異性朋友一起玩的興趣降低，實際上也不太與異性朋友玩。

這項研究顯示，即使成人只是使用「男生」、「女生」等的性別詞彙，也必須特別謹慎，避免在孩子們心中建立性別刻板印象。

整合領域：社會、情緒；語言；身體、感覺

我擅長和喜歡的事

☑ **小肌肉發展**　☑ **創造力**　☑ **自我評價**

與孩子一起談論擅長的事情和喜歡的東西。每找出一件擅長的事情，孩子的臉上就會泛起驕傲的微笑。

● **準備物品**

A4紙2張、蠟筆或麥克筆

● **遊戲方法**

1. 詢問孩子喜歡的食物（或地點、玩具、歌曲、電視節目），寫在第一張紙上，並且讓孩子自由畫圖。

   「小勇最喜歡的食物（地點、玩具、歌曲、電視節目）是什麼？媽媽把它寫在紙上。然後這裡空白的地方，小勇畫上你喜歡的東西。」

2. 讓孩子思考自己擅長的事情，畫在第二張紙上，並於空白處寫下說明。

   「小勇最厲害的事是什麼呢？媽媽先把它寫在這裡，再讓小勇畫圖喔。」

● 遊戲效果

★ 增加對自己的理解與信心。

★ 藉由相關主題的圖畫創作，不僅促進小肌肉運動，也能提高
   創造力。

● 培養孩子可能性的訣竅及應用

　　除了喜歡的東西外，還能增加各種內容，例如「我最驕
傲的事情」、「令我難過的事情」等。有些孩子可能會回答
自己沒有擅長的事情，越是這樣的孩子，越需要一起談論並
找出擅長的事情。

　　除了跑步、唱歌、畫圖或讀書之外，像是懂得禮讓朋友
或弟妹、經常幫忙媽媽等，這些在日常生活中平凡而微小的
行為，也都是孩子的優點，盡可能找出並記錄下來。如果孩
子回答「擅長說話」，則進一步將其長處與原因具體記錄下
來，例如「和朋友說話時，朋友們都覺得我很有趣」等。

淺談發展　成功與失敗由自己評價

在一項研究中，曾要求幼兒進行關乎成敗的任務，藉此調查幼兒的反應如何改變。2歲以前幼兒將球滾進水桶內，達成期望的目標時，顯得雀躍不已，不過即使失敗，也並不在意。此時感受到的，只是完成某件事的喜悅。

然而從2歲左右開始，對於他人看待自己成功與失敗的反應變得敏感。例如成功將球滾進水桶內時，以開心的表情看著媽媽，像是在說「我很棒吧？」期待媽媽的稱讚；反之，挑戰失敗時，不敢抬起頭與媽媽眼神相對。從這時開始，孩子們知道成功時獲得稱讚，失敗時遭受責備。

而在33個月以後，隨著競爭概念的形成，贏過他人時更加高興。過了3歲以後，相較於他人的評論，幼兒更懂得以自己設定的標準看待成功與失敗，由此產生高興或失望的情緒。當他們建立自己的標準後，如果成功達到此一標準時，信心隨之增加；如果無法達到標準時，則感到羞愧。

整合領域：社會、情緒；身體、感覺；語言

製作我的第一本書

☑ 成就感　☑ 自我認知

製作孩子生平第一本有專屬照片與姓名的書，成為孩子的第1號寶物。

● **準備物品**

社會、情緒遊戲1至3製作的作品、釘書機、A4紙、孩子的照片、膠水

● **遊戲方法**

1. 將孩子的照片貼在A4紙上，並寫上書名，製作書本封面。

   （例如：《小勇的第一本書》、《韓小勇，我是誰？》）

2. 將封面與社會、情緒遊戲1至3製作的作品彙整，以釘書機裝訂成為小書。

● 遊戲效果

★ 製作第一本擁有自己的照片與名字的書，可提高孩子的成就感。

★ 在製作書籍的過程中與日後回顧本書時，孩子都有機會向父母或其他人談論自己。

● 培養孩子可能性的訣竅及應用

除此之外，也可以幫孩子寫下他們想寫的內容，並讓他們畫圖。利用筆記本或素描本製作書本也好，每年製作一本孩子的書，並與孩子一起看著成品聊天。

淺談發展　媽媽幫我畫，我不會畫

有時孩子們不懂得畫圖或使用剪刀，或者即使是自己辦得到的事情，也不肯嘗試，一味央求大人幫忙。甚至是能力所及的事情，也不斷說自己不會，放棄挑戰。如果這種行為持續下去，孩子可能產生「習得無助感」（Learned Helplessness）。

習得無助感使孩子認為自己一無是處而深受挫折，並且不再努力嘗試。7歲以前幼兒大多認為自己什麼事都辦得到，可謂高估自己能力的樂觀主義者，不過少數孩子早在4歲左右開始，就已經出現習得無助感。

孩子認為自己一無是處，與他人看待自己成功與失敗的反應有極大的關聯。心理學家卡蘿・杜維克博士（Carol Dweck）認為，經常聽見大人稱讚「聰明」的幼兒，如果不會畫圖或挑戰某些任務失敗，便是將自己的無能表現出來。所以日後不再嘗試該任務（習得無助感）。

一般認為這種時候多培養孩子成功的經驗，就能恢復孩子的信心，然而事實並非如此。因為陷入無助感的孩子，只會認為自己的成功是拜「運氣」所賜，而非「能力」造就。

這時最重要的，是建立孩子「成功與失敗全繫於努力」的想法，所以稱讚孩子的時候，不是一味稱讚孩子聰明，而是要稱讚孩子的「努力」（「經過幾次練習，畫得更好了！」）或「方法」（「重新看了一遍汽車再畫，所以畫得更棒了！」）。聽見稱讚自己的努力的孩子，即使失敗了，也會認為是自己不夠努力，進而更努力嘗試。

整合領域：社會、情緒；身體、感覺；語言

寄卡片給爺爺、奶奶

☑ **小肌肉發展**　　☑ **手眼協調**　　☑ **稱謂**

這個世界上大概沒有不喜歡貼紙的孩子了。利用孩子們喜歡的貼紙，將想說話的寫在卡片裡，寄給爺爺、奶奶或其他不常見面的親戚們。

● **準備物品**

貼紙、白紙、蠟筆、剪刀

● **遊戲方法**
1. 從白紙上剪下愛心，製作卡片。
2. 將貼紙貼在心型卡片的正反面作為裝飾。

「小勇把喜歡的貼紙貼在這張卡片上。小心撕下貼紙喔！哇，你很細心貼得很漂亮。」

3. 以蠟筆在卡片上作畫。

4. 由媽媽在卡片背面寫上孩子想對爺爺、奶奶說的話。

「小勇有沒有什麼話想對爺爺、奶奶說？寫『我愛你們』好嗎？」

● 遊戲效果

★有助於促進書寫時所需的小肌肉運動與手、眼協調能力。

★談論爺爺、奶奶或無法經常見面的親戚，可了解家族關係與稱謂。

● 培養孩子可能性的訣竅及應用

在大張紙上畫出家族關係圖，貼上爺爺、奶奶、叔叔、阿姨等親戚的照片，不僅有助於理解家族關係，也可經常與孩子談論親戚。

淺談發展　祖孫同樂的遊戲可發展孩子的親社會行為

韓國一項研究曾調查幼兒與爺爺、奶奶一起上課，對幼兒親社會行為（Posocial Behavior）的影響程度。研究人員將3歲以上幼兒分為兩組，一組連續8週與奶奶一起進行傳統遊戲活動，另一組單純與其他小朋友進行傳統遊戲活動。

經過8週後，評估幼兒的親社會行為與對老年人的態度。與奶奶一起進行傳統遊戲活動的幼兒，在指導性、給予幫助、意見溝通、主動關心、嘗試挑戰、分享等親社會行為中，獲得較高的分數。孩子們聽奶奶述說許多過去的故事，彼此分享想法；透過奶奶解決遊戲過程中同儕間衝突的方法，學習如何體諒對方；為奶奶的腳與肩膀按摩，學習如何關懷他人與給予幫助。

　　此外，與奶奶一起進行傳統遊戲活動的幼兒，對老年人的態度也比另一組幼兒要成熟。在遊戲開始前害怕與老奶奶牽手的幼兒，在與奶奶進行遊戲的同時，懂得先牽起奶奶的手，甚至為奶奶按摩。他們對爺爺、奶奶整體的看法、爺爺、奶奶的身體特徵、知識特徵、性格特徵、社會關係、家族關係等，也出現更正面的回答。

　　由此結果來看，提供孩子與爺爺、奶奶經常見面或對話及相處的機會，對於促進孩子的品行與社會性發展將有極大的影響。

整合領域：社會、情緒；語言；身體、感覺

我的心情如何？

☑ 情緒表達　　☑ 同理心

利用孩子的照片學習心情與情感的遊戲。

● **準備物品**
孩子臉部的特寫照（高興、憤怒、
難過、擔憂、驚嚇等表情）

● **遊戲方法**
1. 讓孩子擺出各種情緒表情（高興、憤怒、難過、驚嚇），並拍下照片（最好特寫孩子臉部，以清楚呈現表情）。
2. 沖洗照片（照片護貝可增長使用時間）。
3. 給孩子看不同的照片，詢問孩子照片中的心情如何、何時感受到那樣的心情、看見什麼特徵才知道是那樣的心情。

這是什麼
表情？

「小勇，看見什麼特徵可以知道這是高興（憤怒、難過、驚
嚇）的表情（眼、口、耳、眉毛、鼻子、皺紋等）？小勇什麼
時候會出現這種表情？」

● 遊戲效果
★學習表達各種心情（情感）的詞彙。
★能從臉上找出判斷當事人情緒的線索。
★幫助孩子連結不同的情況與心情，知道何種情況下會出現這
　種心情。

● 培養孩子可能性的訣竅及應用
　　除了孩子的照片外，也可以使用家人的照片。此外，不
妨剪下雜誌或報紙上不同人物的表情，將表情相同的照片整
理在一起。

淺談發展　媽媽批評孩子的失敗，使孩子感到羞愧

孩子出生時已懂得表達痛苦、厭惡、滿足、好奇，到了2至7個月間，出現開心、憤怒、難過、驚嚇、恐懼的基本情緒。然而在2歲以後，孩子開始出現困惑、羞愧、自責、羨慕等複雜的情緒，進入3歲以後，懂得拿自己與某種標準相比，以此衡量自己。出現這些情緒固然是生理發展上的必經歷程，不過也受到父母一定的影響。

一項研究曾觀察4至5歲幼兒在拼拼圖時，媽媽對其成功或失敗時的反應。當媽媽批評孩子的失敗，強調負面的部分時，孩子在失敗後出現強烈的羞愧感，即使成功拼完拼圖，也並未產生信心；尤其女孩失敗後的羞愧感更強，成功後變得更沒有自信，男孩則壓抑其羞愧感與自信的嶄露。如此持續下去，日後女孩出現憂鬱症的可能性較高，男孩也可能變得具有攻擊性。

另一方面，如果媽媽對孩子的成功表現出積極正面的回應，孩子在達成任務後，皆展現出強烈的自信；即使挑戰失敗，羞愧感也不那麼強烈。透過這個結果可知，媽媽的反應對孩子相當重要。

情感發展　社會、情緒：我的心情如何？

127

整合領域：社會、情緒；認知；感覺、身體；語言

畫下表情對對看

☑ 情緒表達　　☑ 情緒詞彙

將各種心情畫下來，與自己的表情照玩配對。

● 準備物品

白紙4張、蠟筆或麥克筆、孩子的表情照
（開心、憤怒、難過、驚嚇）、膠水

● 遊戲方法

1. 給孩子白紙，將各種情緒（開心、憤怒、難過、驚嚇）的表情
   畫下來。

   「小勇，在這張紙上畫出開心（憤怒、難過、驚嚇）的表情
   吧！開心（憤怒、難過、驚嚇）的時候，眼睛是什麼模樣？嘴
   巴變成什麼樣子？眉毛向上還是向下？仔細想想再畫下來。」

2. 看著各種表情，說說畫中的心情。

   「小勇，這個表情代表什麼心情呢？是開心的表情。開心（憤
   怒、難過、驚嚇）的表情長得怎麼樣？眼睛（眉毛、嘴巴、耳
   朵）又是什麼樣子？小勇什麼時候會有這樣的表情呢？」

生氣時

- **開心的表情**：嘴角上揚、臉頰堆起皺紋、眼角堆起皺紋、拱型眉毛。
- **難過或憤怒的表情**：嘴角下垂、緊閉或抿住嘴唇、眉間與鼻子皺縮，堆起皺紋、沉下臉，眉毛倒八。

3. 在孩子畫好的表情旁，貼上對應情緒的表情照，並寫下情緒的名稱。

4. 比較自己的畫與實際的表情照，說說共通點與差異點。

「小勇畫的是開心的表情呀。這是小勇開心的時候拍的照片。這兩張哪裡一樣？還有哪裡不一樣？」

● **遊戲效果**

★ 可更深入觀察出現於不同表情上的線索。

★ 可比較自己畫的圖和照片，觀察與說明兩者之間的差異。

● **培養孩子可能性的訣竅及應用**

讓孩子看著鏡子觀察各種表情後再畫圖，可以畫出更真實的表情。將開心的表情與難過的表情貼在餐桌或客廳牆壁上，讓孩子在其中一種表情上別迴紋針或貼貼紙，表達當天的心情，學習效果會更好。

淺談發展　收看暴力電視節目有礙睡眠

如果孩子有晚上睡覺時忽然哭泣，或是不易入睡等睡眠問題，就有必要檢視孩子收看電視的習慣。

西雅圖兒童醫院的研究團隊曾向家有3至5歲幼兒的600名父母進行問卷調查。問卷中調查幼兒睡眠相關問題，例如是否有不易入睡的情況等。同時，父母也必須每天記錄孩子何時、看了多久的電視。

其結果，這個時期的幼兒相當頻繁地出現睡眠問題，至少有18%的幼兒每週出現一次睡眠障礙，其中最常見的問題為不易入睡。整體來看，幼兒一天平均收看1個多小時的電視，大部分在白天收看電視，當幼兒在晚間收看電視的時間越長，且收看的節目越暴力，睡眠問題則越嚴重。

無論暴力節目是動畫還是連續劇，或者是否與父母一起收看，都不會減低暴力元素的影響。這是因為孩子對現實與虛構的辨別能力尚未發展完全，在看完暴力節目後，無法自行消化激昂的情緒。儘管幼兒收看的暴力節目大多是兒童節目，不過這些節目較適合比3至5歲稍大的兒童收看。

整合領域：認知；感覺、身體；語言

這種時候心情如何？

☑ **情緒認知**　☑ **情緒詞彙**

藉此遊戲學習表達情感與心情的各種詞彙，增進語言表達的能力。

● 準備物品
無

小勇，如果跑步的時候跌倒受傷，又痛又難過的時候，該怎麼辦才好？

● 遊戲方法
1. 詢問孩子在不同情況下的心情如何，並告訴孩子對應的情緒詞彙為何。

「小勇，如果小勇沒有被邀請參加朋友的生日派對，會是什麼樣的心情？」：**難過、失望**

——朋友故意弄壞我的玩具時：**難過、憤怒**

——被媽媽稱讚時：**開心、高興**

——被陌生人高聲吼叫時：**驚嚇、恐懼**

——在牙醫診所等待治療時：**害怕、不安**

——在幼兒園小朋友面前順利完成表演時：**高興、自豪**

——朋友說我新買的衣服很漂亮時：**開心、高興**

131

——經過時不慎弄倒朋友的積木時：**抱歉、慌張**

——朋友媽媽送我我最討厭的餅乾時：**慌張、失望**

——不得不在朋友面前唱歌或跳舞時：**害羞、擔心**

2. 詢問孩子在不同的情況下會如何處理，並一起談論適當的處理方式。

「小勇，如果小勇跑步的時候跌倒受傷，又痛又難過的時候，該怎麼辦呢？」

「跟媽媽說，然後擦藥。」

「沒錯，跌倒受傷的時候，一定要先跟大人說，檢查需不需要去醫院還是擦藥就好。小勇受傷時，是不是擦完藥，心情就變好了呢？」（**連結孩子的經驗**）

● **遊戲效果**

★知道人類有各式各樣的心情（**情緒**），也有許多表達這些情緒的詞彙。（**情緒認知**）

★將各種情感連結至不同的狀況及場景，藉此學習情緒。（**情緒知識**）

★提高問題解決能力。

● **培養孩子可能性的訣竅及應用**

讓孩子看著喜歡的繪本或其他雜誌、各種表情圖片、情境圖片，猜測「這個人心情如何？接著會做出什麼樣的舉動？」或是與孩子談論過去是否經歷過類似的情況或情緒。

淺談發展　假想遊戲可降低分離焦慮

　　一項研究曾將假想遊戲應用在分離焦慮嚴重的幼兒身上。研究人員選出在幼兒園就不願與媽媽分開的64名幼兒，進行這項實驗。

　　受測者被編入四個小組，第一組為自由遊戲組，提供可以盡情玩「與媽媽分離」主題遊戲的玩具；第二組提供「媽媽人偶帶孩子上幼兒園後回家」的情境遊戲組；第三組為示範組，由實驗人員表演媽媽與孩子分離的場景；第四組為對照組，提供與主題無關的遊戲（積木、拼圖、蠟筆）。所有受測者在不同的日子各別進行3次，每次10分鐘的遊戲時間，並檢視孩子的遊戲品質。

　　研究結果顯示，相較於第四組，其他進行與分離焦慮相關遊戲的三組，皆能有效減少孩子的不安。遊戲品質越高的孩子，焦慮程度越低。這裡所謂高品質的遊戲，是指受測者在遊戲中，頻繁進行與分離相關的主題及嘗試解決的高投入程度。越擅長這項遊戲的孩子，可能越懂得將遊戲視為熟悉分離焦慮的機會。由此結果來看，假想遊戲可謂讓孩子自行解決問題的最佳治療方法。

133

整合領域：社會、情緒；語言；認知

我很開心，因為～

☑ 情緒知識　☑ 口語表達

熟悉以口語表達各種情緒產生的原因，提高表達能力。

● 準備物品

無

● 遊戲方法

1. 由媽媽示範，先對孩子說：「我很＿＿＿＿，因為＿＿＿＿。」

「小勇，媽媽非常開心喔！因為小勇早上抱了媽媽。」
「媽媽今天有點難過，因為上班時，同事對媽媽發脾氣。」

2. 讓孩子照樣照句：「我很開心（生氣、傷心、害怕），因為
＿＿＿＿。」

● 遊戲效果

★ 理解他人的情緒。

★ 熟悉以口語表達自己的各種心情，並找出原因後說明的方法。

★ 提高情緒知識（情緒理解）能力。

● 培養孩子可能性的訣竅及應用

　　和孩子一邊閱讀與情緒相關的繪本或雜誌，一邊談論書中人物的心情，以及孩子是如何感受到那樣的心情。

淺談發展　情緒智能（Emotional Intelligence）

　　不僅是東方，西方有時也認為將情感或情緒外顯是不成熟的人。因為情緒被認為有礙理性的判斷，必須恰到好處地表現與調整情緒才行。然而耶魯大學彼得・沙洛維（Peter Salovey）教授與新罕布夏大學（University of New Hampshire）約翰・梅爾（John D. Mayor）教授在介紹「情緒智能」此一概念時，認為可以將情緒妥善應用於理性思考與行動上。

　　情緒智能是認知自己與他人的情感，區別彼此不同的情感，並將此應用於自己的想法與行動的能力。情緒智能高的人，在精神上更為健全，工作執行能力卓越，並能發揮優秀的領導能力。

情緒智能包含了情緒表達（Emotional Display）與情緒知識（Emotional Knowledge）、情緒調節能力。

★ **情緒表達**：為加強正面情緒、降低負面情緒的表達能力，當孩子較少表現出憤怒或悲傷等負面的情緒，而是正面積極的情緒時，可贏得同儕更多的好感。

★ **情緒知識**：是洞察對方的情緒，並正確掌握情緒起因的能力，在情緒理解測驗中獲得高分的孩子，其擅於交友、與朋友維持良好關係的社會能力較為傑出。

★ **情緒調節能力**：是在表達自己的情緒，尤其是憤怒的情緒時，調整此一情緒的能力，情緒調節能力不佳的孩子，也經常受到同儕的排斥。他們經常表現出過動行為或攻擊性，或是不安、憂鬱、社會退縮（Social Withdraw）等適應問題。

父母們必須知道，孩子們正值情緒發展的這個時期，正是幫助其情緒智能發展最佳的時期。

整合領域：社會、情緒；語言

幸福之牆

☑ **記憶幸福**

藉由這個回想過去親子同樂、幸福時刻的遊戲，將會發現幸福的時刻超乎我們想像的多。

● 準備物品
便條紙、筆

● 遊戲方法

1. 每當孩子開心或感到幸福時，由媽媽將當時的情況寫在便條紙上。

（例如：媽媽炒菜的時候；和朋友玩積木玩得不亦樂乎的時候；爸爸買我喜歡的機器人的時候。）

2. 選擇家中一面開闊的牆壁，隨時貼上便條紙。

- 遊戲效果

★有助於孩子記憶幸福、開心的時刻。

★心情鬱悶時，可回想過去開心的時刻。

- 培養孩子可能性的訣竅及應用

　　不只是孩子，爸爸、媽媽也可以選擇另一處空間，將幸福的時刻記錄下來。當便條紙上的紀錄累積到一定程度後，取下便條紙，和孩子一起讀出便條紙上內容，回想過去幸福的時刻，也會是不錯的遊戲。

淺談發展　假想遊戲是最佳教育活動

　　是什麼教育活動具有以下效果？激發以原因與結果組織思考的能力、創意發想、問題解決能力、使用象徵的能力等認知能力，同時提高針對同一問題提出各種解決方式的擴散式思考、角色取替、抽象思考能力。有助於學習與經歷各種情緒，處理令人害怕或愉快的事件，坦然面對正面、負面的情緒，並且學習表達、控制、調節情緒的方法，促進創意性的發展，能達到上述所有效果的驚人教育活動，正是假想遊戲（想像遊戲）。

　　凱斯西儲大學（Case Western Reserve University）的桑德拉・拉斯（Sandra Russ）教授認為，假想中遊戲隱藏著上

述各種認知過程與情緒過程。正如拿著積木打電話、以木棒玩人偶遊戲，假想遊戲是指「假裝或想像A是B」的遊戲。例如玩扮演媽媽遊戲時，孩子將枕頭當作孩子，將積木當作奶瓶（象徵能力），變身為哄哭鬧的孩子的媽媽（角色取替能力），思考哄孩子的各種方法（創意性），編造各種親子之間的故事（編造故事）。

此外，在想像生日派對等快樂的事件，以及怪物、戰爭、上醫院等令人恐懼的事件時，也學到如何表達與調節正面情緒及恐懼、害怕等負面情緒。根據實際研究，能夠利用玩偶或積木等平凡的玩具進行各種獨具創意的假想遊戲的孩子，未來更能快速適應校園生活。面對遭受排擠或忘東忘西等生活中可能遭遇的各種問題，也能妥善解決。

而另一項研究顯示，比起單純拿著玩偶玩耍、搖晃的孩子，編造玩偶間打架而後雙方和解等戲碼，進行假想遊戲的孩子，即使處於上牙醫診所等高度壓力的情況下，也不會承受太大的壓力。

成人眼中看來也許是莫名其妙的扮家家酒或天馬行空的想像，不過假想遊戲實可謂最適合孩子程度的學習與探索活動，甚至是治療的方法。

整合領域：社會、情緒；感覺、身體；語言

跳顛倒舞

☑記憶力　☑專注力　☑自我調節

教導孩子如何搭配歌聲調整自己動作的遊戲。

● 準備物品

無

● 遊戲方法

1. 媽媽唱兒歌「造飛機」或孩子喜歡的兒歌，孩子隨著媽媽的歌聲轉圈圈。媽媽唱得快，孩子必須轉得快；媽媽唱得慢，孩子則轉得慢。當歌聲停止時。孩子也必須停下動作。

2. 熟悉步驟1後，將規則顛倒。這次媽媽唱得慢時，孩子必須轉得快；媽媽唱得快時，孩子則轉得慢。

我跳　　唱歌

3. 將遊戲變得更複雜，當出現某個特定的歌詞時，必須做出特定的動作。例如歌詞中出現「拍手」時，孩子「跺腳」；出現「唱歌」時，孩子「跳」起來。

● 遊戲效果

★ 除了歌詞與唱歌的速度外，也必須熟記改變後的規則，如此有助於提高記憶與專注力。

★ 改變規則後，必須使用新的動作，藉此可讓孩子練習自我調節能力。

● 培養孩子可能性的訣竅及應用

　　本遊戲的關鍵，在於改變規則（唱得快則動得慢）與要求和歌詞不同的動作（唱到「拍手」則跺腳）。在孩子熟悉遊戲後，可經常改變規則，越是如此，對孩子的行為調整越有幫助。

淺談發展　「我說」遊戲困難的原因

　　「跳顛倒舞」遊戲與「我說」遊戲頗為相似。這兩個遊戲都不可以聽從指令行動。前者必須將聽見的內容顛倒後跳舞，後者則在句子沒有「我說」開頭的情況下，不可以聽從指令。

2至4歲幼兒喜歡這類遊戲，其實有其原因。這個遊戲要求「抑制控制（Inhibitory Control）」能力，而此時幼兒腦中掌管抑制控制的部位正進入活躍發展的時期。抑制控制不僅像「我說」遊戲一樣，可抑制習慣性或自然而然表現出的行為，也像著名的棉花糖實驗一樣，要求在一定時間內忍住想說的話、想做的事（延遲滿足）。當缺乏抑制控制的能力時，可能變得衝動，看來像是罹患注意力不足過動症（ADHD），也容易陷入成癮狀態。反之，抑制控制能力強的幼兒，其學業成績高、智力高，注意力與記憶力傑出，能順利解決各種認知課題。不僅如此，其情緒調節、品行、社會能力的發展更好。

　　一項追蹤研究曾調查幼兒抑制控制的發展，與父母教育類型的影響關係。尤其是男孩，當父母大量施以體罰或管教過於嚴格時，抑制控制的發展越緩慢。由於孩子不受控制的行為，父母給予嚴厲的管教，而這又再度傷害孩子的情感，變得更不容易控制行為，陷入惡性循環中。當孩子無法控制自己的行動，做出不適當的行為時，如果父母因為一時衝動而嚴加體罰，或是對孩子大發脾氣，反倒會造成負面效果。

　　最好的辦法，是給予事前已經約定好的懲罰，並確實向孩子說明犯了什麼錯。同時，也應教導孩子何謂適當的行為，如此一來，孩子才會知道自己犯了什麼錯，下一次又該怎麼做才好。

整合領域：社會、情緒；感覺、身體；語言

太陽月亮遊戲

☑ 抑制控制　　☑ 執行力

指日為月，指月為日的顛倒說話遊戲。

● 準備物品
白色與黑色厚紙板、蠟筆、剪刀

● 遊戲方法

1. 將白色厚紙板裁剪為8張12公分 × 8公分的大小，黑色厚紙板也裁剪為8張。

2. 在8張白色卡片上畫出太陽，在8張黑色卡片上以鮮明的白色或黃色蠟筆畫出月亮（為與太陽區別，建議為半月或上弦月）。

3. 告訴孩子看見「太陽」卡片時說「月亮」，看見「月亮」卡片時說「太陽」。

月亮

4. 將16張卡片混合在一起，一張一張翻開給孩子看，要求孩子盡可能快速回答。

● **遊戲效果**
★ 可練習情緒調節必需的能力——抑制控制。
★ 有助於提高執行功能。

● **培養孩子可能性的訣竅及應用**
　　這是看見「太陽」快速說出「月亮」，看見「月亮」快速說出「太陽」的遊戲。為此，孩子必須抑制平時熟悉的反應，依照新的規則回答才行。

　　熟悉此遊戲，有助於培養孩子調節與抑制衝動或反射性的動作，調整自己的情緒。除了太陽和月亮外，也可以利用孩子熟悉的詞彙組合，進行顛倒回答的遊戲。

淺談發展　智慧型手機降低記憶力與執行功能

　　在根據韓國青少年政策研究院與育兒政策研究所的研究，韓國幼兒最早使用智慧型手機的年齡以3歲最多，足足占了37.4%。隨著接觸智慧型手機的年齡逐漸提前，沉溺於智慧型手機的幼兒也大幅增加。

「手機成癮」的孩子對智慧型手機以外的活動興趣缺缺，喜歡智慧型手機更勝於與其他小朋友玩耍。如果不讓他們玩，孩子便顯得焦慮不安，對其他事情喪失動力，甚至大哭大鬧，一點小事就生氣暴怒。

韓國一項研究曾比較手機成癮症幼兒與其他幼兒的認知能力，進行各種記憶力檢測與克制衝動相關的執行功能檢測。執行功能是抑制特定反應，盡快轉換注意力的自我調節能力，例如「我說遊戲」中所要求的抑制控制，也屬於執行功能中的一種。

檢測結果顯示，手機成癮症幼兒的智能雖然不比一般幼兒低，然而在詞彙記憶或數字記憶、圖形記憶、圖形知覺、執行功能方面，分數皆比一般幼兒要低。

這項結果顯示，頻繁使用智慧型手機影響了孩子的認知能力。孩子們不再需要長時間記憶，也無須分析、思考，智慧型手機提供了大量強烈視聽刺激，孩子必須對此盡快反應。過度使用引導孩子快速反應的智慧型手機，對孩子的記憶力與執行功能恐將帶來不良的影響。

整合領域：社會、情緒；感覺、身體；語言

盡情跳舞

☑ 調節情緒　☑ 情緒智能

隨著輕快的音樂擺動身體，享受歡樂氣氛的遊戲。媽媽和孩子一起盡情跳舞吧！

● 準備物品
旋律輕快的音樂

● 遊戲方法

1. 播放旋律輕快的音樂，讓孩子聽著音樂盡情擺動身體。

「小勇，媽媽要放音樂囉！聽著音樂，盡情隨自己的感覺搖擺身體吧！」

2. 詢問孩子聽著旋律輕快的音樂搖擺身體後的心情。

「小勇，聽著輕快的音樂，心情怎麼樣啊？比起聽音樂之前，心情變得更好了吧？小勇覺得難過或生氣的時候，聽著輕快的音樂，心情也會變好喔！」

● **遊戲效果**

★ 知道聽著輕快的音樂，心情可以變得不一樣。

★ 知道可以用各種方法調節負面的情緒。

● **培養孩子可能性的訣竅及應用**

為幫助孩子感受音樂，可以先讓孩子想像演唱者（或作詞者）的心情，也可以在聽著音樂搖擺身體後，與畫圖活動連結，畫出當時的心情。

淺談發展　**音樂欣賞結合身體活動，有助於消除壓力與提高情緒智能**

在韓國進行的一項研究中，將幼兒分為兩組，其中一組連續16週進行結合身體活動的音樂欣賞，另一組單純進行靜態音樂欣賞。結合身體活動的音樂欣賞，並非純粹播放音樂或以音樂為背景音樂，而是專注於音樂上，將音樂帶來的感受或想法以言語或身體表達出來。

在此研究中，讓第一組（結合身體活動的音樂欣賞組）幼兒先自由欣賞音樂，再一邊聽著音樂，一邊隨著音樂的旋律以身體或其他道具表達動作，並且在活動結束後，盡情描述對這段音樂的感受。

16週後的結果顯示，相較於單純進行靜態音樂欣賞的幼兒，進行結合身體活動音樂欣賞的幼兒，在遭受責備或攻擊的情況（例如：和朋友打架或遭父母責備）、不安或感到挫折的時刻（例如：期待的事情落空）、自尊心受傷的情況（例如：得不到父母的稱讚，或被拿來與朋友、兄弟姊妹相比時）下，壓力數值較低。而他們在情緒智能中的情緒認知及表達、情感調節及衝動抑制、自我情緒的使用、對他人情緒的認知與體諒、與教師的關係等，皆有顯著的發展。

由此可之，平時不應只是將音樂當作背景音樂欣賞，而是讓孩子聽著音樂，用身體或言語（或圖畫）表達其想法與感受，如此將有助於消除壓力與促進情緒智能的發展。

整合領域：社會、情緒；感覺、身體；語言

吸管吹毛絨球

☑ **調節情緒**　☑ **呼吸法**

藉此遊戲可以學習生氣時深呼吸的方法，讓孩子有能力自行調節情緒。

● 準備物品

吸管、毛絨球、生氣的照片

● 遊戲方法

1. 和孩子談論如果時常生氣，身體會出現什麼改變。

「小勇，看得出媽媽生氣的樣子嗎？你怎麼知道媽媽生氣了？」
「媽媽眼睛變大，聲音變大，額頭出現皺紋，眉毛往上。」
「對吧？那麼，小勇生氣的時候，會怎麼樣呢？」
「心臟撲通撲通跳，身體變熱，臉紅紅，想流眼淚，握緊拳頭。」

2. 告訴孩子生氣是自然現象，但是更重要的是學會消氣。

「小勇，氣球越吹越大，最後會怎麼樣？當然是『砰』地一聲爆炸。生氣也是一樣的。我們心中如果累積太多怒氣，最後就會爆炸唷！那就糟了。」

149

3. 詢問孩子消氣的方法，教導孩子如何
   深呼吸。

   「所以要好好消除怒氣才可以。該怎
   麼消氣呢？」
   「哭、睡覺、吃飯、大叫……。」
   「沒錯，這些也是方法之一。媽媽再
   教你其他方法。」

4. 教導孩子用吸管吹毛絨球的方法。讓孩子多練習深呼吸：首先
   大口吸氣，忍住2秒後，再深深吐氣。

   「很好玩吧？小勇生氣的時候，想像是用吸管吹毛絨球一樣，
   吸氣後吐氣，做到三次就可以。吐氣的時候，想著不好的東西
   都一起離開了，心情就會平靜下來了，不生氣了。」

● 遊戲效果
★ 可輕鬆學習深呼吸的方法。
★ 可學習各種調節怒氣的方法。

● 培養孩子可能性的訣竅及應用
    也可以藉由想像吹熄蛋糕上的蠟燭，或用力嗅聞花香來
練習深呼吸。吹肥皂泡也有助於深呼吸。

淺談發展　孩子傷心或生氣時，正是情緒指導的機會

　　當孩子傷心或生氣而表現出負面的情緒時，父母究竟該如何面對，確實令人苦惱。一項研究曾調查3至5歲幼兒在表現負面情緒時，媽媽如何反應，以及媽媽的反應是否影響了孩子的自我調節能力。

　　研究結果顯示，當孩子出現負面情緒時，媽媽們多持正面回應的態度。對於孩子負面的情緒表現，媽媽們主要傾向解決問題，而非給予鼓勵或同理心（問題中心型反應）；而未正面回應的媽媽們，主要出現緊張、不安、焦慮等壓力反應，這或許是因為孩子表達出的負面情緒造成媽媽極大的壓力有關。

　　另一方面，當孩子出現負面情緒時，媽媽越是給予正面回應，孩子也越能妥善調節自己的情感。反之，當媽媽承受壓力或忽視孩子的情緒、大發脾氣時，孩子的自我調節能力越低。不只是孩子感到幸福的時候，就連感到憤怒或悲傷的時候，媽媽也必須讓孩子説出自己感受到的情緒的名稱（參考「這種時候心情如何？」），將之視為教導孩子如何面對負面情緒的絕佳機會（「吸管吹毛絨球」）。

情感發展 社會、情緒：吸管吹毛絨球

151

整合領域：社會、情緒；感覺、身體；語言

跟著表情做做看

☑ 分辨表情

可輕鬆學習如何觀察他人表情的遊戲。

● 準備物品

　無

● 遊戲方法

1. 由媽媽先做誇張的動作，再請孩子跟著做。

　「小勇，現在開始好好看著媽媽的動作，再跟著做一遍。」

這張臉是什麼樣的心情？

152

2. 逐漸縮小動作的幅度，擺出各種表情，再讓孩子跟著做。

3. 和孩子談論這是什麼表情。

　　「小勇，你什麼時候會做出這樣的表情？做出這種表情時，心
　　情如何呢？」

4. 由孩子擺出表情，媽媽跟著做一遍。

● **遊戲效果**
★培養專注觀察他人表情的能力。
★擺出各種表情，並連結至對應的情緒。

● **培養孩子可能性的訣竅及應用**
　　這個遊戲越多人玩越有趣。擺出各種表情，並與孩子談
論該表情的心情、什麼情況下會出現這種表情。媽媽和孩子
一起看著鏡子擺出表情，比較兩人表情的相似處與差異處，
可練習如何更仔細觀察表情。

淺談發展　無法正確分辨表情的幼兒

　　分辨臉上的表情是與生俱來的能力嗎？還是藉由親身經
驗後習得？孩子從出生的那一刻起，持續看著他人的臉孔成
長，因此分辨臉上表情的能力究竟是天賦，還是後天習得，
並不容易回答。

為解決這個問題，研究人員比較身體遭受虐待的幼兒與父母放任不管的幼兒。虐待幼兒的父母比採取放任態度的父母更頻繁與子女互動，而其攻擊性主要表現在身體與語言上。反之，採取放任態度的父母不太表現情感，也較少與子女互動。

　　在這項研究中，先讓這些幼兒看不同人的表情，猜測當事人的情緒。其結果，所有幼兒皆能分辨幸福的表情。然而父母放任不管的幼兒，比身體遭受虐待的幼兒或一般幼兒更不易分辨表情。身體遭受虐待的幼兒不太能分辨悲傷或厭惡等感情之間的差異，卻比一般幼兒更能分辨憤怒的表情。這項研究顯示，幼兒的經驗不同，理解與詮釋表情的能力也大不相同。

整合領域：社會、情緒；感覺、身體；語言

製作好友卡片

☑社會能力　☑語言　☑情緒安定

可永久珍藏孩子幼年與朋友間歡樂回憶的遊戲。

● **準備物品**
朋友的照片（或照片檔）、
A4紙、剪刀、筆、打洞器、繩子

● **遊戲方法**

1. 沖洗孩子朋友的照片檔。此時將A4紙橫放，照片的大小調整為
A4紙1／4的大小，每張A4紙放入2張朋友的照片。如果沒有照
片檔，可使用沖洗好的照片，每1／2頁的A4紙貼上一張照片。

2. 在照片下的餘白處，寫下朋友的名字與孩子對該朋友的記憶。

3. 將印出照片的A4紙（或貼上照片的A4紙）護貝。

4. 將護貝好的A4紙剪半，每張卡片只放入一位朋友。

5. 整理護貝好的朋友卡片，左上角打2至3個洞，以繩子綁起。

6. 每結交一位新的朋友，即製作一張新的朋友卡片，夾入卡片本中保存。

● 遊戲效果

★ 可以與孩子談論朋友，並了解孩子記住哪些與朋友相關的事情。

★ 有助於記住朋友們。

● 培養孩子可能性的訣竅及應用

　　當朋友照片累積到一定程度，卡片本日益增厚，與朋友之間的回憶也越多，日後將成為孩子回憶過往的憑藉。

淺談發展　同儕遊戲的發展

　　對為了結交新的朋友，原本獨自玩耍的孩子必須進入同儕的遊戲團體內，與其他小朋友互動、遊戲。然而一開始孩子與同儕間的遊戲並不自然，也不容易。孩子們在進入同儕團體前經歷多次失敗，並在此過程中學習社會技能。

一項研究以4歲剛進幼兒園的內向小女孩為研究對象，觀察她們進入同儕團體的過程連續4至10個月，共80次。藉由這項研究，可將幼兒進入同儕團體的過程分為以下4個階段。

★ **獨自行動的階段**：不與同儕互動，相對專注於自己一人的遊戲。

★ **關注同儕的階段**：開始在朋友遊戲範圍附近徘徊，觀看同儕的遊戲並跟著模仿。在觀察朋友遊戲的同時，學習遊戲方法。

★ **追隨同儕的階段**：開始跟著幾位要好的朋友行動，在遊戲範圍內觀察他人，並對朋友說出與遊戲無關的話。有時主動走向其他同儕搭話，有時接受遊戲邀請一起玩耍，或是拒絕對方。

★ **與同儕玩耍的階段**：開始與要好的同儕一起玩耍，協助遊戲進行與提出遊戲構想，積極參與遊戲，同時也提出個人意見。

孩子的社會能力、語言能力及情緒安定感，在經歷上述階段時發揮了重要的功能。

整合領域：社會、情緒；認知；語言

理解他人心思

☑ 理解他人

培養孩子了解他人想法與自己不同，因而出現不同行為的理解能力。

● 準備物品

玩偶2個、小盒子與小籃子
（或看不見中間的碗）、小球

● 遊戲方法

1. 向孩子介紹其中一隻玩偶的名字叫小咪（或是孩子喜歡的名字），另一隻玩偶是小咪的媽媽，小球是麵包，小盒子是冰箱。

   「小勇，我們一起玩扮家家遊戲。這隻玩偶的名字是小咪，另一隻是小咪的媽媽，這顆球是麵包，那個小盒子是冰箱。」

2. 告訴孩子：小咪把吃剩的麵包（小球）放進小籃子裡，之後外出玩耍。

   「小咪吃了點麵包，想要之後再吃，所以放進小籃子裡，就出去外面玩了。」

3. 告訴孩子：媽媽回到家，看見小籃子裡有麵包（小球），於是將麵包放進冰箱（小盒子）裡。

「但是媽媽回到家，看見麵包放在小籃子裡。所以把麵包放進冰箱。」

4. 詢問孩子小咪回到家後，會先去哪裡找麵包。

「小咪玩到一半肚子餓，所以回家了。小咪想要找剛才吃剩的麵包，他會先去哪裡找呢？」

小咪回到家，
會去哪裡找麵包呢？

小咪　媽媽

● **遊戲效果**

★ 理解其他人的想法可能與現實不同（即現實中麵包雖然在冰箱，但是小咪以為在小籃子裡）。

★ 可練習理解他人依照各自的想法行動（因為小咪自己將麵包放進小籃子裡，所以先去小籃子找麵包）的心智理論。

● **培養孩子可能性的訣竅及應用**

如果孩子回答先去小籃子找麵包，應給予稱讚，並詢問孩子：「那麼麵包現在在哪裡？」確認孩子是否清楚已經改

變的狀況。如果孩子答錯（大多數3歲的孩子容易答錯），則告訴孩子正確答案：「小咪把麵包放在哪裡才出去？對了，是小籃子裡，所以小咪要去小籃子找。」

淺談發展　思考看不見的心思

除了自己的心思外，孩子將逐漸理解其他人也具有看不見的心思（想法、信念、意圖、感情等），而這個心思影響了當事人的行為。這種能力稱為心智理論（Theory of Mind）。在孩子具備心智理論的同時，也將明白其他人也可能與我想法不同的事實。

1980年代初期，研究人員為檢測幼兒的心智理論所使用的「外表／真實作業（Appearance-Reality Task）」，正是「理解他人心思」遊戲與下一個即將介紹的「盒子內有什麼？」遊戲。

4歲以前的幼兒，大多在「理解他人心思」遊戲中答錯，以為主角小咪會打開冰箱找麵包。即使實際上麵包在冰箱內，因為小咪親自將麵包放進籃子內才出門，當然是先找放有麵包的籃子。然而心智理論尚未發展成熟的幼兒，並未想到小咪的想法可能與自己的想法（或現實情況）不同。

整合領域：社會、情緒；感覺、身體；語言

盒子內有什麼？

☑ 理解他人

練習猜想他人心思的心智理論遊戲。

● 準備物品
　餅乾盒、蠟筆

● 遊戲方法

1. 在孩子不知情的情況下將蠟筆放進餅乾盒內，再將餅乾盒放在孩子面前，詢問孩子餅乾盒內有什麼。

　「這是小勇喜歡的餅乾盒？這裡面有什麼呢？」

爸爸會覺得盒子裡面有什麼？

2. 打開餅乾盒，給孩子看盒子內有蠟筆。

「打開盒子，看看裡面有什麼吧？哇！有蠟筆耶？」

3. 放進蠟筆，重新蓋上盒子。

4. 詢問孩子將這個盒子拿給爸爸（或朋友、兄弟姊妹）看，爸爸會覺得餅乾盒裡面有什麼。

「小勇，爸爸看到這個盒子，會覺得裡面有什麼呢？小勇第一次看到這個餅乾盒，以為裡面有什麼？」

如果孩子回答：「爸爸會說盒子裡面有餅乾。」代表理解沒有看見蠟筆放進餅乾盒內的其他人的想法（**心智理論**）。

＊3歲以上幼兒大多以為自己看見的，別人也看見了（「爸爸也會說盒子裡面有蠟筆。」）。此時應告訴孩子：「爸爸沒有看見蠟筆放進餅乾盒裡，所以會認為裡面有餅乾。」

● **遊戲效果**
★練習理解他人的心思。

● **培養孩子可能性的訣竅及應用**

　　閱讀繪本時，偶爾也可以詢問孩子書中人物如何看待對方的想法，多提供孩子思考他人心思的機會。

淺談發展　謊言與心智理論

　　進入3歲以後，幼兒也開始說謊。有時是為了掩飾自己的錯誤（自我保護型謊言），有時是為了不傷害他人而說謊（親社會謊言）。

　　韓國一項研究曾要求3至6歲幼兒不可翻看卡片後，實驗人員離開現場，以隱藏式攝影機觀察幼兒的行為。全體幼兒的40％偷看了卡片，而其中高達84％謊稱自己沒有翻看卡片（自我保護型謊言）。在年齡層方面，年齡越大，說謊的幼兒數量也提高，分別為3歲的14.3％、4歲與5歲的100％、6歲的93％。實驗人員也送給孩子令人失望的禮物，詢問孩子是否對禮物滿意。這項調查同樣顯示，年齡越大，越會謊稱對禮物滿意（親社會謊言）。

　　從年齡來看，3歲階段說謊的幼兒最少，4歲階段自我保護型謊言大幅增加，5歲階段說謊的幼兒又增加不少，而親社會謊言也大幅提高；換言之，年齡越大，兩種謊言的使用均大幅成長。最後，檢視謊言與心智理論之關係的結果，對他人心思理解度較低的幼兒，大致上也較少說謊，尤其在親社會謊言方面，相較於不說謊的幼兒，說謊的幼兒解讀他人心思的能力更強。

整合領域：認知；感覺、身體；語言

醫生遊戲

☑**表徵能力** ☑**想像力** ☑**角色取替能力** ☑**問題解決**

特別推薦給害怕上醫院的孩子。藉由這個遊戲，將醫院從可怕的地方轉變為熟悉的地方。

● **準備物品**

醫生遊戲組（或以耳機代替聽診器、手帕代替繃帶、舊的白襯衫代替醫師袍、冰棒棍或鉛筆代替針筒、信封代替藥袋等）、動物玩偶、放在候診室的雜誌等

● **遊戲方法**

1. 向孩子提議玩醫生遊戲，詢問孩子進行醫生遊戲需要的物品。

   「小勇，我們來玩醫生遊戲，需要哪些東西呢？」（準備孩子回答的物品，如果沒有該物品，則以其他物品代替。遺漏的物品由媽媽提示。）

2. 幫孩子穿上醫師袍，扮演醫生的角色。如果孩子不願扮演醫生，可提議先由媽媽扮演醫生，孩子扮演病患的角色。

「小勇穿上這件醫師袍（白襯衫）當醫生。那媽媽要做什麼呢？好，媽媽來演病患。你好，醫生。我腳痛，請幫我治療。」

聽診器

溫度計

3. 人偶或動物玩偶也可以扮演病患。
4. 醫生使用鉛筆代替針筒、耳機代替聽診器、手帕代替繃帶、糖果或口香糖代替藥，為疼痛的病患治療。

● 遊戲效果

★ 在尋找醫生遊戲所需物品的替代道具時，可提高孩子的表徵能力（Representational Ability，將外在現實環境的事物以較抽象或符號化的形式來代表的歷程）與想像力。

★ 站在醫生與病患的立場體驗醫院看診的步驟，不僅可提高角色取替能力，也可減少對上醫院的恐懼。

★ 配合遊戲對象進行遊戲，可增強其溝通能力、團隊精神、分享、協商、領導能力及問題解決能力。

● 培養孩子可能性的訣竅及應用

　　和孩子一起閱讀與醫院相關的繪本或童話書，談論上醫院的經驗後，再進行醫生遊戲，可使遊戲的真實度更高，也可以談論更多的話題。提供醫生遊戲所需的其他物品（病歷表、介紹身體的圖畫或海報），遊戲將變得更加複雜、更加細緻。如果孩子有去過動物醫生的經驗，也可以收集各種動物玩偶，進行動物醫院遊戲。

淺談發展　禁止戰爭遊戲終究不是好辦法

　　3至6歲的男孩最喜歡的遊戲之一，正是戰爭遊戲。戰爭遊戲是孩子假想的打仗遊戲，並沒有真正置對方於死地的意圖。遊戲參加者分為壞人與英雄兩組，雙方互相競逐，時而自編劇本，上演一場壯烈的對決；有時使用真假難辨的玩具槍或武器，有時以冰棒棍或吸管、甚至是手指代替武器。

　　儘管戰爭遊戲屬於假想遊戲，然而由於經常模仿具有攻擊性的行為，教育專家曾一度建議禁止戰爭遊戲。然而近來教育專家們認為，沒有必要非禁止戰爭遊戲不可，透過戰爭遊戲，幼兒有機會對自己親身經歷或觀察到的攻擊行為表達負面情緒，最終有助於個人身心的健全發展。

　　在進行戰爭遊戲時，有幾點必須注意。遊戲開始前，應明確告訴孩子禁止造成對方受傷或破壞物品的規則。在遊戲過程中，大人也必須謹慎觀察情況，檢視孩子是否過於激動或有無口出惡言。必要時可宣布暫停遊戲，與孩子討論解決問題的方法。如果孩子只是依照電視上看見的內容反覆進行遊戲，這時大人不妨加入遊戲，提出增加不同玩法的建議。親子共同閱讀關於戰爭或打鬥的繪本，並談論書中內容，也是不錯的方法。

整合領域：社會、情緒；身體、感覺

紙排球

☑ 數數　☑ 團隊合作　☑ 視覺敏銳　☑ 控制能力　☑ 空間知覺

利用與媽媽或兄弟姊妹一起合作進行的球類遊戲，練習能彈到幾下而不讓球掉下來，還能學習數數。

- 準備物品
  報紙、海灘球

- 遊戲方法
1. 將海灘球充氣。
2. 將報紙對摺鋪在地板上，上面放置海灘球。

   「小勇，和姊姊（或其他）一起玩紙排球遊戲吧！把報紙對摺，上面放上海灘球。」

3. 孩子和姊姊面對面坐在報紙的兩側，拉住上面放著海灘球的報紙兩端，緩緩起身。

   「好，現在拉著報紙兩端慢慢站起來，注意不要讓球掉下去。」

4. 孩子和姊姊一起抓著報紙，輕輕將海灘球往上彈。

「一起用報紙把海灘球往上彈。哇！球跳起來了。」

5. 待海灘球落下時，再次以報紙輕彈海灘球，使海灘球往上跳。

「球落下來的時候，要像這樣再把球彈上去喔！哇！這次球往旁邊跳了。好，快往旁邊移動。這樣球才不會掉下去。」

6. 球往上跳的時候同時數數。

● **遊戲效果**

★藉由配合彼此動作及同時數數，培養與對方合作的團隊精神。

★可培養視覺敏銳度與控制能力、空間知覺。

★有助於強化上半身的力量與培養平衡感。

● **培養孩子可能性的訣竅及應用**

孩子的平衡感越好，越能將海灘球彈高，也能在更低的位置接球。可以用氣球代替海灘球、免洗餐盤代替報紙，玩氣球羽毛球遊戲。

淺談發展　提示玩具的方法相當重要

即使擁有足夠的玩具，孩子也經常為了其他玩具爭執、打架。以色列一項研究指出，在多位幼兒一起遊戲的情況下，向幼兒提示玩具的方法不同，幼兒的行動也有所不同。這項研究以18至30個月的幼兒為研究對象，以不同方法提示玩具。

第一是任意提示法，將4個玩偶與玩偶遊戲所需的各種玩具放在4名幼兒面前。第二是場景提示法，將玩具擺成遊戲中的某個場景，例如玩偶吃飯的場景、閱讀的場景、就寢的場景等，依照各個場景排列出所需的玩偶與玩具。藉此觀察孩子的正面反應（微笑、笑容）與負面反應（拍打、哭泣、搶奪玩具等）。

研究結果顯示，隨著幼兒的年齡不同，玩具提示方法的效果也不同。以遊戲場景提示玩具時，大齡幼兒出現頻繁的正面互動。這是因為場景提示法使幼兒聯想至日常生活中熟悉的場景，產生邀請他人參與遊戲的效果。反之，對年齡較小的幼兒以遊戲場景提示玩具時，反倒出現更多攻擊行為。

這是因為場景提示法儘管引起幼兒的興趣，然而他們的自我控制及社會技能尚未成熟，未能將此視為遊戲，最終出現以攻擊行為搶奪對方玩具的結果。

整合領域：社會、情緒；感覺、身體；語言

往好的方向想

☑ **社會認知**　　☑ **問題解決**　　☑ **溝通協調**

與朋友或兄弟姊妹一起玩耍時，將對方的心思往好的方向
想的遊戲。

● **準備物品**
無

● **遊戲方法**

1. 選擇孩子可能與朋友或兄弟姊妹出現衝突的情況。例如孩子和
哥哥玩玩具的時候經常吵架，即可利用此情況。

「小勇，我們一起來玩想
像遊戲吧！因為是想像，
隨便怎麼想都沒有關係。
但是有一個原則，就是想
像對方永遠愛著小勇，永
遠為小勇著想。知道了
嗎？」

朋友急著走出去，
不小心弄倒了小勇
的積木。往好的方
向想吧！

2. 設定可能發生爭執或衝突的實際情況,讓孩子往好的方向想。

「假設小勇正在玩積木,朋友經過的時候,撞倒了小勇堆好的積木。朋友為什麼這麼做呢?朋友接下來又會怎麼做?」

3. 舉例說明如何往好的方向想。

「往壞的方向想,可能會以為朋友是故意弄倒小勇的積木。可是往好的方向想,情況可能是怎樣的呢?沒錯,朋友可能聽到媽媽的呼喊,急著走過去,所以才會不小心弄倒了小勇的積木。」

「那接下來呢?朋友知道自己弄倒了小勇的積木後,對小勇道歉,也幫小勇重新用積木堆好了。還有沒有其他好的想法?小勇來想想看。」

● 遊戲效果

★ 提高孩子的社會認知(Social Cognition)能力,讓孩子在經常發生的社會衝突或類似情況下,避免解讀對方行為帶有惡意,並且和平解決問題。

★ 提高有助於解決問題的溝通能力。

● 培養孩子可能性的訣竅及應用

善用孩子經常遭遇的問題(例如:朋友插隊時、向朋友搭話,朋友卻沒有回應時、朋友不讓自己參加遊戲時等)。

淺談發展　**想像友伴**

　　部分孩子在成長過程中，擁有少則數月以上的想像朋友。想像朋友可能是將玩偶或玩具擬人化，也可能是孩子在想像中虛擬的朋友。過去對想像朋友多持負面的看法，然而後續許多研究提出了相反的結果：擁有想像朋友的幼兒具備優秀的心智理論，創意性也比一般幼兒突出。

　　韓國一項研究針對幼兒進行直接訪談，試圖了解想像朋友。該研究結果顯示，在4歲幼兒中，有38％表示自己擁有想像朋友。想像朋友以玩偶（兔子、狗、公主）占多數，而無形的想像朋友以人占多數。想像朋友大多擁有名字，例如「小咪」、「小白」等，年齡與幼兒相同，大多是體型比幼兒小的同性朋友。幼兒有時與想像朋友一起玩醫院遊戲、扮家家酒等遊戲，或是與想像朋友共度收看電視、吃飯、閱讀等日常生活。

　　對於擁有想像朋友的好處，受測者大多答以情緒上的安定感（「感到幸福」、「有朋友真好」）及遊戲時感到愉快；至於缺點，多數回答「沒有缺點」。這項研究也調查了擁有想像朋友的幼兒，在實際生活中的朋友是否較多或較少，不過並沒有太大差異。

整合領域：社會、情緒；身體、感覺

兩人三腳

☑ 團結合作　　☑ 溝通協調

每天吵得不可開交的兄弟姊妹或朋友、父母一起進行這個遊戲，有助於培養團結合作的精神。

● 準備物品

手帕、可以做為折返點的物品（如玩偶或椅子）

● 遊戲方法

1. 以小椅子或玩偶標示折返點。
2. 以手帕將孩子和小朋友的腳綁在一起，並說明步行或跑步前往折返點再回頭的遊戲規則。

「小勇，媽媽要用手帕把小勇的左腳和姊姊的右腳綁起來喔。這樣比較好走，還是比較難走？也許剛開始會有點不習慣，因為小勇不能隨便走動，要和姊姊一起移動才可以。那麼試一次看看吧！」

情感發展 社會、情緒：兩人三腳

173

● 遊戲效果

★配合對方的動作一起移動，才能順利行走而不至於跌倒，藉此可培養團隊精神。

★激發孩子思考該如何才能有效配合彼此的動作，提出各種解決方案。

● 培養孩子可能性的訣竅及應用

　　透過練習熟悉移動的方法後，可以縮減路線的寬度，或於中途放置障礙物，增加兩人三腳的難度。

淺談發展　**最有效的管教秘訣**

　　孩子犯錯時，該如何責備與管教才好？專家總說絕對不可體罰，要以口頭告誡，這麼做真的有效嗎？一項研究曾比較父母們實際使用的三種管教方法的效果。三種管教方法分別為權力行使（體罰、收回特權）、說明與告誡、撤回關愛。

假設孩子打了弟弟，權力行使是打孩子屁股，懲罰孩子不能玩喜歡的電玩遊戲；說明與告誡是詢問孩子：「為什麼打了弟弟？弟弟被打的時候，心情會怎麼樣？難道沒有不必打弟弟，用勸告就可以的方法嗎？」讓孩子思考發在弟弟身上的結果與更好的解決辦法；撤回關愛是責備孩子：「為什麼打弟弟？你去那邊，媽媽討厭你。」不再給予關心或表現關愛。

研究結果一如原先預期，最有效的管教方法是說明與告誡。不過為何出現此結果，原因相當重要。

★ 首先，由於說明與告誡是先向孩子說明其行動何以錯誤，使孩子得以思考對錯。再怎麼口氣溫和地說明、勸告，如果孩子不知道自己具體犯了什麼錯，也不會有管教的效果。
★ 第二，說明與告誡帶給孩子同情他人處境的機會，例如要求孩子從情感上感受嚎啕大哭的弟弟的處境。
★ 最後，讓孩子思考在該情況下能否有其他更恰當的行為，以及事件發生後的現在，又有哪些行為可以補救。

一般父母時而撤回關愛，時而說明與告誡，偶爾打屁股或手心。不過無論使用什麼方法，最重要的是讓孩子思考對錯，同感對方的立場，並教導孩子依照各種情況做出適當的行為。

整合領域：社會、情緒；身體、感覺；認知；語言

跨越獨木橋

☑團隊合作　　☑平衡感　　☑溝通協調

藉由思考兩人如何同時通過窄橋的遊戲，培養孩子的團隊精神與平衡感。

- 準備物品
  厚紙板、剪刀、封箱膠帶

- 遊戲方法
1. 裁剪2塊寬15公分、長150公分的厚紙板。
2. 將兩塊厚紙板相連，製作長3公尺的獨木橋，並以膠帶固定於地板上。
3. 兩位小朋友（或孩子與媽媽）各自站在獨木橋的兩端，面對面同時過橋。
4. 思考兩人在獨木橋中間相會時，如何順利經過對方而不會超出界外。

● 遊戲效果

★培養問題解決能力與團隊精神。

★提高平衡感與語言溝通能力。

● 培養孩子可能性的訣竅及應用

　　獨木橋的寬度越窄，越有挑戰性。除了跨越獨木橋外，也可以利用紙膠帶在地板上貼出長方形或圓形，挑戰多人同時進入該範圍內的遊戲。

淺談發展　利用肢體接觸遊戲解決衝突

　　同儕間互相挨著身體玩耍，有助於幼兒學習解決同儕問題的方法。韓國一項研究曾將4歲幼兒分為兩組，其中一組進行3個月的肢體接觸遊戲，另一組則為自由遊戲。

同時在研究開始前與3個月後，分別檢測幼兒的人際問題解決能力。人際問題解決能力（Interpersonal Problem Solving Ability）的檢測有二，幼兒對於朋友間出現的問題能否提出適當的對策（對策思考），以及能否預測某種行為的結果（結果預測思考）。

　　在對策思考檢測中，讓孩子觀看情境圖後，詢問孩子想要拿朋友的玩偶玩時，該怎麼做才好；在結果預測思考檢測中，讓孩子預測朋友搶走玩具後，接下來會發生什麼。

　　從結果來看，相較於自由遊戲的幼兒，進行肢體接觸遊戲的幼兒提出更多在問題發生時有效的解決之道。在對策思考方面，肢體接觸遊戲組的幼兒提出如下多個方法，除了輪流玩玩偶、等待朋友結束玩偶遊戲外，也可以猜拳贏的人拿走玩偶玩，或是和自己的玩具交換等。

　　在結果預測能力方面也較傑出，他們提出許多可能的結果，例如朋友搶走玩具時，直接讓給朋友玩，或是抵抗、威脅、不跟朋友玩、報告大人等。這是因為幼兒在與同儕互相挨著身體玩遊戲的同時，已經學到了解決衝突與問題的方法。

整合領域：社會、情緒；感覺、身體

收拾玩具

☑自尊心　☑責任感　☑手眼協調　☑分類

玩玩具固然有趣，不過收拾玩具也可以是有趣的遊戲。

● **準備物品**
多個放置玩具的收納桶、白紙、
麥克筆、膠帶

● **遊戲方法**
1. 在白紙上寫出（或畫出）玩具的種類後，貼於收納桶上（例如：積木、玩偶、車子、球等）。
2. 在孩子玩完玩具後，開始收拾玩具遊戲。例如在「收集恐龍蛋」遊戲中，說明球為恐龍蛋，讓孩子盡快收集地上的恐龍蛋，或是讓孩子想像各種積木為寶物，盡快收集散落的寶物。

「小勇，我們來收集恐龍蛋好嗎？（指著地上的球）這些是恐龍蛋。在別人拿走恐龍蛋之前，得趕快拿回來才行。」

179

3.將收集來的球放入標示「球」玩具種類的塑膠桶內。

4.收拾好玩具後，稱讚孩子或給予好棒貼紙。

● **遊戲效果**

★有助於發展自尊心與責任感。

★提高分類能力與手、眼協調能力。

● **培養孩子可能性的訣竅及應用**

　　起初應先由媽媽示範，而非孩子獨自嘗試。發揮想像力與創意性，設計有趣的玩法，收拾玩具也可以是有趣的遊戲時間。選定玩具整理時間已到的歌曲，每當歌曲響起時，孩子自然會知道該是整理玩具的時間了。

　　淺談發展　讓孩子收拾玩具的方法

　　　媽媽為了讓孩子收拾玩具所使用的方法，與孩子的親社會行為息息相關。韓國一項研究調查18個月與30個月幼兒的幫助與分享行為。

　　　首先，觀察幼兒在大人弄掉物品或沒有玩具可玩的情況下，幫助他人或分享玩具的親社會行為，同時也觀察在幼兒必須收拾玩具的情況下，媽媽們使用的各種方法。從結果來看，媽媽對18個月與30個月幼兒最常使用的方法是下達指令（「可以把積木收進箱子裡嗎？」）。

此外，還有激發思考（説明必須整理玩具的情況，激發幼兒思考）、特性歸因（「原來你這麼喜歡收拾呀」）、稱讚（「你真棒」）、協商（「收拾好這個玩具，才可以拿其他玩具玩」）、提供協助（協助孩子收拾玩具）等各種方法。比較兩個年齡後，發現媽媽們大多對年幼的孩子下達指令，對年齡稍大的孩子則激發其思考、可以説媽媽們普遍懂得考量孩子理解他人與同感的能力，依據其年齡找出適當的方法。

此外，媽媽鼓勵孩子收拾玩具的方法，與幼兒的幫助、分享行為間存在著有趣的關係。對於18個月的幼兒，當媽媽同時使用下達指令與提供協助的方法時，孩子更主動給予幫助；然而越常使用激發思考，孩子越不願分享。對於30個月的幼兒，媽媽越是幫忙收拾玩具，孩子越常出現幫助行為；然而媽媽越常使用協商，孩子的幫助行為越趨減少。

換言之，面對不同年齡的孩子，有效讓孩子表現幫助與分享的方法各不相同。年齡越小，下達具體的行為指示或一同協助的方法最有效果；年齡越大，引導思考的方法效果最好；至於協商，對於30個月的幼兒仍是較困難的方法。

181

整合領域：社會、情緒；感覺、身體

幫忙家事

☑自信心　☑責任感

儘管可能適得其反，反倒增加媽媽工作的負擔，不過對孩子的未來將大有幫助。

● 準備物品
無

● 遊戲方法
1. **玩具整理**：明確規畫整理玩具的場所。
2. **衣物回收與整理**：將脫掉的衣服與襪子丟進洗衣機或衣物籃內。曬乾衣服後，將衣服、手帕等衣物分類整齊，襪子兩兩一雙摺起。
3. **碗筷收拾**：吃完飯後，將自己的碗筷放進流理槽內。
4. **尿布準備與丟棄**：包尿布前，自行將尿布拿來；包完尿布後，將尿布丟進垃圾桶。

5. **信件收取**：早晨將信箱的信件拿進來。
6. **食材整理**：將買回來的食材或蔬菜、水果從購物袋內取出，交給媽媽。
7. **玩具清洗**：幫忙媽媽清洗玩偶或積木等玩具。
8. **鞋子整理**：將玄關的鞋子擺放整齊。
9. **地板清掃**：以掃把或吸塵器清掃地板。

除此之外，也可以幫助清除灰塵、擦桌子、餵寵物吃飯、澆花等。

● **遊戲效果**
★培養身為家族一員的責任感。
★幫助大人做事，可使孩子產生信心與責任感。

● **培養孩子可能性的訣竅及應用**
　　一開始避免要求孩子做太多事，造成孩子的負擔。先從孩子覺得有趣、願意嘗試的2至3件事情開始，固定執行一個月以上後，再增加其他事情。

淺談發展　從小開始做家事最好

　　孩子從小幫忙家事，有助於孩子的發展。一項研究曾以3至4歲幼兒為對象，持續追蹤受測者至20歲為止。

研究結果指出，與10多歲才開始幫忙家事，或完全不幫忙家事的同儕相比，從3至4歲開始幫忙家事的青少年與朋友的關係更緊密，學業成績更好，職業成就也高於同儕。這些家事提供了孩子學習責任感與融會貫通的機會。

　　這項研究也說明，越晚開始幫忙家事的孩子，越認為父母逼迫自己做不喜歡的事，而不認為家事是自己作為家庭成員必須完成的義務。

　　分配家務給孩子時，請參考以下注意事項。

★第一，將家務標示在孩子看得見的月曆上，可避免孩子遺忘，並敦促孩子持續進行。
★第二，從簡單的事情開始，逐漸挑戰難度較高的事情。
★第三，避免以零用錢作為幫忙家事的代價；給予稱讚，並將貼紙貼在月曆上即可。一旦給予金錢，家庭成員互相分擔家務的意義將因此削弱。
★第四，分配家務時，傾聽與納入孩子的意見；在孩子自己必須完成的事情（例如收拾玩具）外，分配由眾人分擔的家務（例如：整理客廳）。
★第五，懲罰不適用於家事。

▶ Q&A煩惱諮詢室 ◀

張博士，請幫幫我！

Q 我家有3歲的男孩。最近孩子的自我主張越來越強，常常把「不要」、「不想做」掛在嘴上，不順他的意就大哭大鬧。有幾次忍不住，我也對孩子大發脾氣。真不知道該怎麼辦才好。

A 這個時期的孩子經常耍脾氣、鬧彆扭，都是有原因的。孩子們開始認識到自己是獨立於媽媽之外的個體，也想測試自己的影響力有多大，所以有時故意反抗，強烈表達自己的主張。

還有另外一個原因，孩子的語言能力仍不足以透過言語表達複雜的情感或想法。例如媽媽說：「去換衣服，準備出門吃飯。」孩子心中想的是：「我肚子太餓了，穿這件衣服就好。不能就這樣直接出門吃飯嗎？」然而嘴上說出來的，卻是短短兩句「不要」、「不想換」。如果媽媽又拉高聲音繼續問道：「你不想吃晚餐嗎？趕快去換衣服」孩子只好以大吼、大哭、在地上打滾等強烈的手段表達自己的情緒。溝通失敗帶來的挫折感，結合想證明自己是獨立個體的發展傾向，創造了這個時期「討人厭的2、3歲」。

這個時期幼兒必須學習的，是適當的言語表達與問題解決方法。換言之，明確表達「肚子很餓！」或「我喜歡這件衣服！」的溝通方式，會比哭鬧的效果更好。為此，應等待孩子發洩完情緒，心情鎮定下來後，再代替孩子以言語表達他們的心情。「小勇肚子太餓了，所以連換衣服也覺得沒時間呀。」或是「小勇這麼喜歡這件衣服啊！」幫忙說出孩子的心情，孩子也才能學習用適當的言語表達情緒，並在順利與媽媽溝通中獲得安慰。

　　不過並非說出孩子的心情後，問題便一勞永逸。儘管理解了孩子的心情，孩子依然得聽從媽媽的指令。這種時候應盡快執行指令，例如一邊告訴孩子：「媽媽知道，但這件衣服太薄了，穿出門會冷。」一邊盡快協助孩子換穿衣服。孩子在此過程中，會學到再怎麼哭鬧也沒有用的事實；如果每次孩子反抗或鬧彆扭時，父母因為感到煩躁而屈服於孩子的主張，如此無異於是以最糟糕的方式管教孩子。孩子將學到這個扭曲的公式：哭鬧耍脾氣，是表達自我主張最有效的方法，所以不只是在家裡，到了幼兒園或其他地方，也將持續使用這個方法。

　　總而言之，在這整個過程中，最重要的是父母不任意發怒，保持沉穩的平常心。每當孩子吵得天翻地覆時，最好將此視為孩子正經歷發展的過程，以審慎沉穩的態度面對才是。

Q 我家是3歲的男孩。幼兒園同班總共有6位小朋友，全都是女生。這個時期和女孩子玩在一起也沒關係嗎？

A 看來您兒子進了只有女生的班級呀！到了3歲左右，孩子們已經知道自己的性別是男是女，性別主體性逐漸成熟。男生（或女生）知道自己該有什麼樣的行為舉止、該玩什麼玩具、該如何玩遊戲，男女之間的差異日益顯著。所以男孩喜歡玩具車與活動量大的身體遊戲，女孩喜歡玩偶遊戲或扮家家酒。而對於這種性別角色的刻板印象，主要在與同儕遊戲的過程中習得。不過如果幼兒園的同學都是女生，您的兒子必然會加入女孩子的遊戲，就好像家中有許多姊妹的男孩，經常加入女孩子的遊戲中，與女孩相處融洽。

這種性別角色的學習，不會在3歲結束，而是持續發展至進入小學為止。那時您的兒子見到同性的同儕後，將有機會學習男孩子如何玩耍，又該有哪些行為舉止，所以不必太擔心這個問題。再說近來也出現擅長料理的男性、女性政治人物、女性總統，可見相較於明確區分或限制性別與性別角色，同時具備男性與女性特性的「雌雄同體（Androgyny）」在現今社會更受到歡迎。即使是男孩，如果可以向其他女孩學習女生如何溝通、如何合作，又如何感受他人的情緒，也有助於日後與其他男孩的相處。就目前來看，只要特別向幼兒園老師拜託，請老師注意班上孩子的遊戲或興趣不要太偏向女性，就可達到一定的幫助了。

187

Q 我家是4歲的男孩。想要送孩子上幼兒園，不過幼兒園說4歲班已經滿了，推薦我3至4歲的混齡班。其實我家孩子比較晚開始學說話，也還沒戒尿布，原本就已經夠擔心了，現在又聽到這樣的建議，實在令人苦惱。和3歲孩子一起生活，也可以好好相處嗎？會不會因此退步或變得更愛撒嬌？

A 幼兒園的班級安排，也是許多媽媽們的煩惱之一。提出這個問題的媽媽們，或許都希望孩子在同年齡的班級吧！已經有不少研究比較幼兒園混齡班與同齡班的教育效果與壓力程度等差異。這些研究的結論，大多指出混齡班的教育效果高於同齡班，幼兒感受到的壓力程度也比較低。

在同齡班內，由於孩子們的興趣與喜好大多相似，不但容易發生衝突，同儕間的相處關係、受歡迎程度之類的競爭，在在造成孩子們的壓力。所以請老師出面解決，或是肢體上的攻擊事件，自然也較為頻繁。而在混齡班內，更多的是邀請其他小朋友一起遊戲，或是使用協商、禮讓、放棄等的交友策略。因此相較於同儕間的競爭，混齡班更像是兄弟姊妹的關係，彼此互相幫助，甚至形成年齡大的孩子將年齡小的孩子當成弟弟、妹妹照顧的氣氛。

綜合考量這些研究結果與您兒子學說話的時間比同儕晚的事實，為了孩子著想，混齡班會是比4歲同齡班更好的學習環境。

Q 我家是4歲男孩。孩子對同儕毫無興趣，甚至不曾對爸爸、媽媽以外的成人表現出渴望受到寵愛的行為。幼兒園老師也說他完全不理會其他同儕，總是自己一個人玩。在家還能用簡單的詞彙表達自己的想法，到了幼兒園卻什麼話也不說，比起同儕，他更喜歡和爸爸、媽媽、爺爺或堂哥這些常陪自己玩耍的人一起玩。就算到了外面或公園遊戲區，也是跟年齡稍大的哥哥們玩在一起。沒問題吧？

A 確實有不少孩子喜歡和年齡稍大的兄長或成人一起玩，勝過和同儕玩耍。稍微思考一下，就能知道箇中原因。同儕關係為彼此對等的水平關係，要與同儕朋友相處融洽，必須懂得體諒對方的立場或想法，有時也必須進行協商或退讓。反之，與年齡稍大的兄長或成人為垂直的關係，兄長或成人保護與體諒年幼的弟妹，而年幼的孩子則聽從他們的指示。

換言之，要與同儕維持良好的水平關係，必須具備高度的社會技能。也許您兒子到目前為止，較缺乏與同儕一起玩耍的機會，而與兄長或成人建立了不錯的關係；所以從孩子的立場來看，與年齡稍大的兄長或成人相處更自在，也更有趣。有時認知程度較同儕高的孩子，也會覺得與同儕玩耍較無趣，反倒和年齡比自己大的人相處更有意思。

與年齡較大的人相處是好事，不過也必須學習與同儕融洽相處的方法。因為身旁的人不會永遠像兄長或父母一樣，善解孩子

的心意，隨時給予保護，所以孩子必須經歷與同儕衝突，時而爭執，時而協商，並在此過程中學習社會技能。當然，起初得先從加入同儕的遊戲團體開始，不過這也並非易事，有時傷心難過，有時頻頻遭到拒絕。

然而當孩子離開媽媽的懷抱，走入社會中，最需要學習的正是這種社會技能。為此，請先找出孩子相處時覺得自在的一些朋友，幫助他們建立私下的交情。無論是邀請朋友來家裡玩，或是到朋友的家裡玩，只要結交要好的朋友，那怕是只有一位，便能透過這個朋友與其他孩子結交朋友。在此過程中，孩子也將學會如何與更多同儕朋友相處的方法。

Q 我家是4歲的女孩。她不喜歡接觸那些疼愛自己的長輩，而長輩要跟她握手時，也是躲躲藏藏，表現出一副不喜歡的表情；而且她也不讓曾祖母摸。不只是對長輩如此，平常陌生人稱讚她可愛，對她表現出關心的態度時，她總是擺出不想理會的眼神，時常讓身為媽媽的我相當難堪。孩子的性格確實比較內向，該用什麼方式教育她才好？

A 人生在世，總會有不得不說謊的時候。吃到難吃的食物，得說「好吃」；即使收到不喜歡的禮物，也必須說聲「謝謝」。有時像這樣隱藏自己感受到的真實情緒，以謊言回應，正是為了遵守禮貌，顧慮對方的心情。然而表現出違背自己情感的行為，並非與生俱來的能力，因此孩子必須學習

不同情況下最適當的情緒表達方法，我們稱之為「情緒表達規則（Emotional Display Rules）」。

　　情緒表達規則主要從父母身上學來，或是看著同儕學習。從發展歷程來看，情緒表達規則從5歲之後開始學習，持續到進入小學為止。如果您女兒目前4歲，要能按照情緒表達規則適當表達符合社會期待的情緒，當然還太早了。

　　若要教導孩子情緒表達規則，平常最好多與孩子談論情緒。尤其是在孩子感受到負面情緒（傷心或生氣）的時候，別要求孩子一味忍耐，而是先安慰孩子，再協助孩子以言語表達自己的情緒。之後，與孩子談論為什麼必須遵循情緒表達規則。例如自己收到了不想要的禮物，心情不佳而擺出厭惡的表情時，對方會產生什麼樣的情緒等，針對這類問題與孩子交換想法。

　　此外，如果是曾祖母的話，年齡應該相當大了，在孩子眼中看來，曾祖母皮膚乾癟的模樣可能令人卻步。如果沒有經常見面的機會，更可能出現這種情形。在前往奶奶家之前，請先告訴孩子曾祖母是什麼樣的身分，她又是怎麼生下爺爺，將爺爺扶養長大的。在孩子的朋友中，應該很少有人的曾祖母依然健在，不妨告訴孩子曾祖母健在是多麼光彩的事，安排時間讓孩子向曾祖母詢問好奇的事情，並與曾祖母聊聊天，想必會是相當特別的經驗。如此一來，也能創造孩子與曾祖母親近的機會。

▶ 發展關鍵詞 ◀

同儕能力

　　這個時期的孩子開始對同儕產生好奇，也結交同儕。不過每個孩子的差異相當大。

　　有些孩子還想多待在媽媽的懷抱裡，有些孩子則積極走向同儕。面對同儕關係得心應手的孩子，應鼓勵孩子積極走向同儕之中，與同儕維持良好關係，同時以適當的方式向朋友表達與主張自己內心的想法。

　　同儕能力（Peer Competence）不僅在孩子與同儕間的關係中扮演重要功能，也是社會認知發展與社會性發展的基礎。詳閱以下檢測表，檢視孩子的同儕能力吧。

| 同儕能力檢測表 |

（完全不同意－1／稍微同意－2／大致同意－3／非常同意－4／完全同意－5）

歷程	問題	1	2	3	4	5
1	主導與其他孩子的遊戲或活動					
2	仔細傾聽其他孩子說的話					
3	受到其他孩子的歡迎					
4	向其他孩子明確表達自己的意見					
5	與其他孩子發生衝突時，懂得妥協					
6	其他孩子喜歡自己的孩子					
7	向其他孩子有效表達自我主張					
8	面對其他孩子懂得退讓					
9	其他孩子都想和自己的孩子玩					
10	與其他孩子一起讓遊戲變得更有趣					
11	與其他孩子和樂地分享玩具或教具					
12	與各類型的孩子都能打成一片					
13	提出其他孩子值得跟隨的遊戲或活動					
14	樂於幫助遭遇困難的孩子					
15	朋友比其他孩子多					

請參閱下表計算分數。

- 孩子的平均分數為3分時，代表具有平均水準的同儕能力。
- 若分數高於3分，則同儕能力較。
- 若分數低於3分，則同儕能力較低。
- 依照各同儕能力類別比較平均分數，可知孩子的同儕能力中，哪一部分需要更進一步強化。

同儕能力的類別	說明	問題編號	平均分數（總分/5）
社交性	容易為同儕團體所接受，與各類型的孩子都能打成一片的能力	3、6、9、12、15	／5
親社會性	以敏銳、正面的方式對待朋友，善於幫助其他孩子，與其他孩子相處融洽，並有效解決衝突的能力	2、5、8、11、14	／5
主導性	帶領朋友行動，有效表達自己的主張，在同儕團體中主動提出活動或遊戲建議的能力	1、4、7、10、13	／5

父母和孩子都要開心，才是遊戲

• • •

　　抱定寫遊戲書的心情動筆，卻像是開發了好幾個教育活動的心情。如今深刻體會到這個時期的遊戲，是如此與教育活動息息相關。遊戲與教育真是合而為一，真所謂遊戲即教育，教育即遊戲。

　　前幾天與退休的教授通了電話。詢問教授近期正忙什麼，得到這樣的回答：「剛開始新的學習。」教授轉換專業，旁聽其他教授的課程，同時執教一門課，過得非常忙碌。「您過去勤於學術，如今也該喘口氣了吧？」「對我而言，這就像遊戲一樣。」

　　如此看來，遊戲活動本身並非最重要的。無論什麼事情，只要當事人覺得有趣，還想繼續做下去，那就是遊戲。懇請閱讀本書，並開始與孩子遊戲的所有父母們，務必銘記這句話。

只要認真照著本書的遊戲方法執行即可，不可生氣動怒，也不可因為孩子在遊戲中途轉移注意力，而對孩子大呼小叫。那樣並非遊戲。準備遊戲時，如果發現其他更有趣的事情，不妨順著別的方向去。希望各位父母謹記遊戲必須開心的原則，在此原則下盡情玩耍。也希望無論是小孩或大人，都能透過本書真正享受「遊戲」，一起開懷大笑、沉浸其中。如今我也該玩遊戲了，在我構思下一本書的同時⋯⋯。

▶ 參考文獻 ◀

Chapter 1 思考發展 探索 | 開發潛能的24至48個月統合遊戲

1. 崔瑞允（2013）。憑藉幼兒文學的數學活動對4歲幼兒數學能力之影響。韓國：建國大學教育研究所碩士學位論文。

2. Gelman, R., & Gallistel, C. The child's Understanding of Number. Cambridge, MA. Harvard University Press. 1978

3. 朴英信（1997）。對兩種數字系統對應性之理解的發展。韓國心理學會誌，發展，10，92-112。

4. Fischer, M. H., Kaufmann, L., & Domahs, F. Finger counting and numerical cognition. Frontiers in Psychology, 3, 108. 2012

5. 全喜榮（2001）。關於幼兒測量能力之研究。韓國：德成女子大學幼兒教育系碩士學位論文。

6. Han, J. J., Leichtman, M. D., & Wang, Q. Autobiographical memory in Korean, Chinese, and American children. Developmental Psychology, 34(4), 701-713. 1998

7. 鄭定仁（2004）。母親對幼兒數學教育之認知調查。韓國：梨花女子大學教育研究所碩士學位論文。

8. Alloway, T. P., & Alloway, R. G. Investigating the predictive roles of working memory and IQ in academic attainment. Journal of Experimental Child Psychology, 106(1), 20-29. 2010

9. 郭金珠、成玄蘭、張俞京、沈熙玉、李智淵（2005）。韓國嬰兒發展研究。韓國：　。

10. Glucksberg, S., Krauss, R. M., & Higgins, E. T. The development of referential communication skills. In F. D. Horowitz(Ed.), Review of Child Development Research, Vol. 4. Chicago: University of Chicago Press. 1975

11. Waismeyer, A., Meltzoff, A. N., & Gopnik, A. Causal learning from probabilistic events in 24-month-olds: an action measure. Developmental Psychology, 18(1), 175-182. 2015

12. Chouinard, M. M. Children's Questions: A Mechanism for Cognitive Development. Monographs of the Society for Research in Child Development, 72(1), 1-129. 2007

13. Frazier, B. N., Gelman, S. A., & Wellman, H. M. Preschoolers' search for explanatory information within adult-child conversation. Child Development, 80(6), 1592-1611. 2009

14. 高英子、金敏晴（2012）。隨幼兒年齡與性別改變之動畫主角喜好度。韓國Contents學會論文誌，12(3)，470-479。

15. Klavir, R., & Leiser, D. When astronomy, biology, and culture converge: children's conceptions about birthdays. The Journal of Genetic Psychology, 163(2), 239-253. 2014

16. 孫恩實（2014）。日常生活中的數學活動對3歲幼兒數學能力的影響。韓國：梨花女子大學教育研究所碩士學位論文。

17. Galdi, S., Cadinu, M., & Tomasetto, C. The roots of stereotype threat: when automatic associations disrupt girls' math performance. Child Development, 85(1), 250-263. 2014.

18. 姜尚（2012）。關於影響幼兒數學能力之變因的結構模型分析。韓國：圓光大學幼兒教育學系碩士學位論文。

1. Lewis, M. & Brooks-Gunn, J. Social cognition and the acquisition of self. New York: Plenum. 1979

2. 郭金珠、成玄蘭、張俞京、沈熙玉、李智淵（2005）。韓國嬰兒發展研究。韓國：　。

3. Hilliard, L. J., & Liben, L. S. Differing levels of gender salience in preschool classrooms: effects on children's gender attitudes and intergroup bias. Child Development, 81(6), 1787-1798. 2010

4. Stipek, D., Recchia, S., & McClintic, S. Self-evaluation in young children. Monographs of the Society for Research in Child Development, 57(1, Serial No. 226), 1-98. 1992

5. Dweck, C. S. The role of expectations and attributions in the alleviation of learned helplessness. Journal of Personality and Social Psychology, 31(4), 674-685. 1975

6. 李成仁（2014）。祖孫同樂的傳統遊戲活動對幼兒親社會行為與老年人認知之影響。韓國：全南大學幼兒教育學系碩士學位論文。

7. Alessandri, S. M., & Lewis, M. Differences in pride and shame in maltreated and nonmaltreated preschoolers. Child Development, 67, 1857-1869. 1996

8. Garrison, M. M., Liekweg, K., & Christakis, D. A. Media use and child sleep: the impact of content, timing, and environment. Pediatrics, 128(1), 29-35. 2011

9. Russ, S. W. Play in child development and psychotherapy: Toward empirically supported practice. Mahwah, NJ: Lawrence Erlbaum Associates. 2004

10. Milos, M. E., & Reiss, S. Effects of three play conditions on separation anxiety in young children. Journal of Experimental Child Psychology, 50(3), 389-395. 1982

11. Moilanen, K. L., Shaw, D. S., Dishion, T. J., Gardner, F., & Wilson, M. Predictors of Longitudinal Growth in Inhibitory Control in Early Childhood. Social Development, 19(2), 326-347. 2009

12. 韓國青少年政策研究院、育兒政策研究所（2013）。嬰幼兒及兒童、青少年的手機成癮預防政策。

13. 全初源（2014）。手機成癮症對幼兒單詞及圖形記憶與執行功能之影響。韓國：大邱天主教大學碩士學位論文。

14. 金鳳荷（2015）。結合音樂欣賞的身體活動對幼兒日常壓力紓解及情緒智能之影響。韓國：崇實大學教育研究所碩士學位論文。

15. 鄭瑟琪（2013）。母親對幼兒負面情緒表達的反應類型與幼兒情緒調節能力間的關係。韓國：嘉泉大學碩士學位論文。

16. Pollak, S. D., Cicchetti, D., Hornung, K., & Reed, A. Recognizing emotion in face: Developmental effects of child abuse and neglect. Developmental Psychology, 36(5), 679-688. 2000

17. 孫恩愛（2006）。4歲女孩的同儕遊戲參與過程探索。韓國：中央大學碩士學位論文。

18. 李孝貞（2010）。兒童自我保護型、親社會型謊言的出現及其發展相關變因：以對他人心思的理解為中心。韓國：天主教大學碩士學位論文。

19. Logue, M. E., & Detour, A. "You be the Bad Guy": A new role for teachers in supporting children's dramatic play. Early Childhood Research & Practice, 13(1). 2011

20. 李恩景（2010）。幼兒的想像朋友特徵及想像朋友有無對同儕接受度之影響。韓國：梨花女子大學碩士學位論文。

21. Shohet, C., & Klein, P. S. Effects of variations in toy presentation on social behaviour of infants and toddlers in childcare. Early Child Development and Care, 180(6), 823-834. 2010

22. Hoffman, M. L. Moral development. In P. H. Mussen (Ed.), Carmichael's Manual of Child Psychology(vol. 2, pp. 457-557). New York: Wiley. 1970

23. 孫尹璟（2008）。肢體接觸遊戲活動對幼兒的人際關係問題解決能力與社會效能感。韓國：圓光大學幼兒教育學系博士學位論文。

24. 朴珠希、李殷艾（2001）。關於學齡前兒童專用同儕能力衡量尺度開發之研究。大韓家庭學會誌，39(1)，221-232。

孩子的

權威兒童發展心理學家專為幼兒
打造的 **50個潛力開發遊戲書 ②**

邏輯思考‧口語表達 社交遊戲

作　　者／張有敬 Chang You Kyung
譯　　者／林侑毅
選　　書／陳雯琪
主　　編／陳雯琪

行銷企畫／洪沛澤
行銷副理／王維君
業務經理／羅越華
總　編　輯／林小鈴
發　行　人／何飛鵬
出　　版／新手父母出版
城邦文化事業股份有限公司
台北市民生東路二段141號8樓
電話：（02）2500-7008　傳真：（02）2502-7676
E-mail：bwp.service@cite.com.tw
發　　行／英屬蓋曼群島商家庭傳媒股份有限公司城邦分公司
台北市中山區民生東路二段141號11樓
書虫客服服務專線：02-25007718；25007719
24小時傳真專線：02-25001990；25001991
讀者服務信箱 E-mail：service@readingclub.com.tw
劃撥帳號／19863813；戶名：書虫股份有限公司

香港發行／城邦（香港）出版集團有限公司
香港灣仔駱克道193號東超商業中心1樓
電話：(852)2508-6231　傳真：(852)2578-9337
電郵：hkcite@biznetvigator.com
馬新發行／城邦（馬新）出版集團 Cite(M) Sdn. Bhd. (458372 U)
11, Jalan 30D/146, Desa Tasik,
Sungai Besi, 57000 Kuala Lumpur, Malaysia.
電話：(603) 90563833　傳真：(603) 90562833

封面、版面設計／徐思文
內頁排版／陳喬尹
製版印刷／卡樂彩色製版印刷有限公司
初版一刷／2018年4月17日
初版2.5刷／2021年3月26日
定　　價／340元

城邦讀書花園
www.cite.com.tw

장유경의 아이 놀이 백과 (3~4세 편)
Copyright © 2015 by Chang You Kyung
Complex Chinese translation Copyright © 2018 by Parenting Source Press
This translation Copyright is arranged with Mirae N Co., Ltd.
through LEE's Literary Agency.
All rights reserved.

國家圖書館出版品預行編目資料

權威兒童發展心理學家專為幼兒打造的50個潛力開發遊戲

書. 2：孩子的邏輯思考.口語表達.社交遊戲 / 張有敬著；

林侑毅譯. -- 初版. -- 臺北市：新手父母, 城邦文化出版：

家庭傳媒城邦分公司發行, 2018.04

面；　公分. --（好家教系列；SH0149）

ISBN 978-986-5752-66-8（平裝）

1. 育兒　2. 幼兒遊戲　3. 親子遊戲

428.82　　　　　　　　　　　　　　　107004203